云计算与大数据应用研究

舍乐莫 刘 英 高锁军 著

北京工业大学出版社

图书在版编目（CIP）数据

云计算与大数据应用研究／舍乐莫，刘英，高锁军著．— 北京：北京工业大学出版社，2019.10（2022.5重印）
ISBN 978-7-5639-7025-4

Ⅰ．①云… Ⅱ．①舍… ②刘… ③高… Ⅲ．①云计算－数据处理－研究 Ⅳ．① TP393.027 ② TP274

中国版本图书馆 CIP 数据核字（2019）第 242746 号

云计算与大数据应用研究

著　　者：	舍乐莫　刘　英　高锁军
责任编辑：	吴秋明
封面设计：	点墨轩阁
出版发行：	北京工业大学出版社
	（北京市朝阳区平乐园 100 号　邮编：100124）
	010-67391722（传真）　bgdcbs@sina.com
经销单位：	全国各地新华书店
承印单位：	三河市明华印务有限公司
开　　本：	710 毫米 ×1000 毫米　1/16
印　　张：	13.5
字　　数：	270 千字
版　　次：	2019 年 10 月第 1 版
印　　次：	2022 年 5 月第 3 次印刷
标准书号：	ISBN 978-7-5639-7025-4
定　　价：	56.00 元

版权所有　翻印必究

（如发现印装质量问题，请寄本社发行部调换 010-67391106）

前　言

纵观历史，过去的数据中心无论应用层次还是规模大小，都仅仅是停留在过去有限的基础架构之上，采用的是传统精简指令集计算机和传统大型机，各个基础架构之间都相互孤立，没有形成一个统一的有机整体。在过去的数据中心里面，各种资源都没有得到有效充分的利用。而且传统数据中心资源配置和部署大多采用人工方式，没有相应的平台支持，使大量人力资源耗费在繁重的重复性工作上，缺少自助服务和自动部署能力，既耗费时间和成本，又严重影响工作效率。而当今越来越流行的云计算、虚拟化和云存储等新IT模式的出现，又再一次说明了过去那种孤立、缺乏有机整合的数据中心资源并没有得到有效利用，并不能满足当前多样、高效和海量的业务应用需求，于是，大数据技术应运而生。

大数据技术是云计算技术的延伸。大数据技术涵盖了从数据的海量存储、处理到应用的多方面的技术，包括海量分布式文件系统、并行计算框架、NoSQL数据库、实时流数据处理以及智能分析技术如模式识别、自然语言理解、应用知识库等。大数据技术可以为我们带来新的机会。大数据在网络应用中可以涵盖多个方面，包括企业管理分析如战略分析、竞争分析，运营分析如用户分析、业务分析、流量经营分析，网络管理维护优化如网络信令监测、网络运行质量分析，营销分析如精准营销、个性化推荐等。

数据作为一种基础性与战略性资源得到了广泛认可，数据服务成为很多组织和机构日常营运和活动中必不可少的重要环节。当下，数据质量在理论与实践中越来越受到关注，不仅是制约数据产业发展的关键问题，也是大数据应用研究中绕不开的重大命题。

云计算和大数据是一个硬币的两面，大数据正在引发全球范围内深刻的技术和商业变革。如同云计算的出现，大数据也不是一个突然而至的新概念。云计算是大数据成长的驱动力，由于数据越来越多、越来越复杂、越来越实时，这就更加需要云计算去处理,所以二者之间是相辅相成的。本书就从云计算和大数据的概念和类别出发,基于网络和技术两个层面去剖析大数据和云计算技术及其发展。由于时间仓促,本书在分析过程中不够深刻在所难免,敬请读者谅解。

目　录

第一章　绪论 1
第一节　云计算 1
第二节　大数据 10

第二章　云计算的服务架构层次 21
第一节　基础设施即服务 21
第二节　平台即服务 23
第三节　软件即服务 28

第三章　大数据下的商业智能与平台架构 33
第一节　传统概念下的商业智能 33
第二节　传统商业智能面临的挑战 38
第三节　商业智能 Hadoop+MPP 新架构 40
第四节　商业智能与云平台 48
第五节　多平台共存的大数据一体机 52
第六节　大数据商业智能的优势和发展趋势 56

第四章　云存储 61
第一节　云存储的概念 61
第二节　云存储技术简介 62
第三节　云存储的应用领域 74

第五章　私有云平台搭建 ································· 79

第一节　VMware 云计算产品线 ······················· 79
第二节　VMware vSphere 搭建 ······················· 81
第三节　vCloud Director 搭建 ······················· 82
第四节　fabric 相关产品的介绍 ······················· 85

第六章　公有云平台的应用探究 ····························· 87

第一节　基于 Google App Engine 开发自己的应用 ············ 87
第二节　基于 Sina App Engine 开发自己的应用 ············· 88
第三节　基于百度云开发自己的应用 ····················· 90

第七章　大数据应用探析 ································· 93

第一节　大数据与电子商务 ··························· 93
第二节　大数据挖掘与移动互联网 ····················· 120
第三节　社交网络大数据分析 ························· 136
第四节　物流大数据分析 ····························· 144
第五节　大数据可视化分析 ··························· 156

第八章　位置大数据中的质量探究 ························· 163

第一节　位置大数据面临的质量问题 ··················· 163
第二节　位置大数据质量评估模型 ····················· 168
第三节　位置大数据质量控制 ························· 172

第九章　云计算与大数据安全 ····························· 177

第一节　云计算安全 ································· 177
第二节　大数据安全 ································· 186

参考文献 ·· 203

第一章 绪论

第一节 云计算

一、云计算的概念

云计算的定义很多,基于用户的视角来看,目的就是让使用者在不需了解资源的具体情况下做到按需分配,将计算资源虚拟化为一片云。站在高处看,当前的主流云计算更贴切于云服务,个人认为可理解为是早先运营商提供数据中心服务器租用服务的延伸。以前用户租用的是一台台物理服务器,现在租用的是虚拟机,是软件平台甚至是应用程序。公认的三个云计算服务层次是 IaaS(Infrastructure as a Service)、PaaS(Platform as a Service)和 SaaS(Software as a Service),分别对应硬件资源、平台资源和应用资源。

简单来说,云计算的核心首先是计算,网络、存储、安全等都是外延,从技术上讲云计算就是计算虚拟化。最早的云计算来自网格计算,通过一堆性能较差的服务器完成一台超级计算机才能完成的计算任务,简单地说就是计算多虚一。但是现如今一虚多(VM/XEN 等)也被一些厂商扯着大旗给忽悠进来,并且成为主流。但是单从技术角度来看,这两者是南辕北辙的。

二、云计算的分类

(一)集中云

最早也是目前最大的一个集中云的典型实际用户是 Google(注意这里说的不是现在的 Google 云服务)。搜索引擎是超级消耗资源的典型应用,从你在网页上一个关键词的搜索点击,到搜索结果的产生,后台是经过了几百上千台服务器的统一计算。随着互联网的发展，现在的开心、淘宝、新浪微博等等，虽然使用者看到的只是在简单的页面进行点击输入，但是后台的工作量已经远远不是少量几台大型服务器能够胜任的了，即使天河一号也不见得能搞定。集中云的应用主力就是这些大型的互联网内容提供商们，当然还有一些传统应用如地震、气象和科研项目的计算也会存在此类需求。

集中云除了按照承载网络类型可分成Infiniband和Ethernet外，根据技术分，还可分为Active-Standby主备与LoadBalance负载均衡两类。

主备模式好理解，所有的Server里面只有一台Server运行，其他都是待机状态，只有侦测到运行的Server停止运行，处于待机的Server才开始接管处理任务。主备模式大部分就二虚一提供服务，多了如三虚一什么的其实意义都不太大，无非是为了再多增加些可靠性。主备模式以各类HA集群技术为代表。

而负载均衡模式复杂一些，在所有的LB技术中都存在两个角色，协调者与执行者，协调者一般是一个或多个（需要主备冗余时），主要工作就是接任务和分配任务；而执行者就只处理计算，分到什么就完成什么。从流量模型上来说，LB集群技术有来回路径一致和三角传输两种，来回路径一致指流量都是客户发起连接，请求协调者进行处理，协调者分配任务给执行者进行计算，计算完成后结果会都返回给协调者，再由协调者应答客户。

这种结构简单，计算者不需要了解外界情况，由协调者统一作为内外接口，安全性最高。此模型主要应用于搜索和地震气象科研计算等业务处理中。三角传输模型指计算者完成计算后直接将结果反馈给客户，此时由于计算者会和客户直接通信，造成安全性降低，但返回流量减少了协调者这个处理节点，性能得到很大提升。此模型主要应用于腾讯新浪的新闻页面和阿里淘宝的电子商务等Web访问业务。

集中云在云服务中属于富人俱乐部的范围，不是给中小企业和个人使用的，实际上都是各大互联网服务提供商自行搭建集中云以提供自己的业务给用户，不会说哪天雅虎去租用个Google的云来向用户提供自己的新闻页面访问。集中云服务可能的租用对象是那些高度科研项目，因而也导致当前集中云建设上升到国家宏观战略层面的地位。

最后是多虚一对网络的需求。在集中云计算中，服务器之间的交互流量多了，而外部访问的流量相对减少，数据中心网络内部通信的压力增大，对带宽和延迟有了更高的要求，自然而然就催生出后面会讲到的一些新技术（如L2MP/TRILL/SPB等）。

（二）分散云

分散云，是目前的主流，也是前面提到的云服务的关键底层技术。由于有 VMware 和 Citrix 等厂家在大力推广，而且应用内容比集中云更加平民化，随便找台 PC 或服务器，装几个虚拟机大家都能试一试，也就使分散云的认知度更加广泛。

一虚多的最主要目的是提高效率，力争让所有的 CPU 都跑到 100%，力争让所有的内存和带宽都占满。以前 10 台 Server 做的事，现在有两台 Server，每台跑 5 个虚拟机（Virtual Machine, VM）就可以了，省电省空间省制冷省网线，总之省钱是第一位的（用高级词儿就是绿色环保）。技术方面从实现方案来看，目前大致可分为三类。

（1）操作系统虚拟化（OS-Level）

在操作系统中模拟出一个个跑应用程序的容器，所有虚拟机共享内核空间，性能最好，耗费资源最少，一个 CPU 号称可最多模拟 500 个 VPS（Virtual Private Server）或 VE（Virtual Environment）。缺点是操作系统唯一，如底层操作系统跑的 Windows，VPS/VE 就都得跑 Windows。使用 OS-Level 的代表是 Parallels 公司（以前叫 SWsoft）的 Virtuozzo（商用产品）和 OpenVZ（开源项目）。

（2）主机虚拟化（Hosted）

Hypervisor 或叫作 Virtual Machine Monitor（VMM），它是管理虚拟机 VM 的软件平台。在主机虚拟化中，Hypervisor 就是跑在基础操作系统上的应用软件，与 OS-Level 中 VE 的主要区别在于：Hypervisor 构建出一整套虚拟硬件平台（CPU/Storage/Adapter），上面需要你再去安装新的操作系统和需要的应用软件，这样底层和上层的 OS 就可以完全无关化，如在 Windows 上运行 Linux；VE 则可以理解为盗用了底层基础操作系统的资源去欺骗装在 VE 上的应用程序，每新创建出一个 VE，其操作系统都是已经安装好了的，和底层操作系统完全一样，所以 VE 相比 VM（包括主机虚拟化和后面的裸金属虚拟化）运行在更高的层次上，消耗资源也少很多。

主机虚拟化中 VM 的应用程序调用硬件资源时需要经过：VM 内核—Hypervisor—主机内核，导致性能是三种虚拟化技术中最差的。使用主机虚拟化技术的代表是 VMware Server、Workstation 和 Microsoft Virtual PC、Virtual Server 等。

（3）裸金属虚拟化（Bare-metal）

裸金属虚拟化中 Hypervisor 直接管理调用硬件资源，不需要底层操作系统，也可以理解为 Hypervisor 被做成了一个很薄的操作系统。这种方案的性能处于主机虚拟化与操作系统虚拟化之间。使用裸金属虚拟化技术的代表是 VMware ESX Server、Citrix XenServer 和 Microsoft Hyper-V。

大型机与小型机的一虚多技术 IBM 在 30 年前就做出来了，现在 RISC 平台上已经相当完善了，相比较而言 x86 架构的虚拟化才处于起步阶段，但 x86 架构由于性价比更高，使其成了分散云计算的首选。

x86 架构最早是纯软件层面的 Hypervisor 提供虚拟化服务，缺陷很多，性能也不够，直到 2006 年 Intel 推出了实现硬件辅助虚拟化的 VT 技术，CPU 产品才开始迅猛发展（AMD 也跟着出了 VM 技术）。硬件辅助虚拟化技术主要包括 CPU/Chipset/Network Adapter 等几个方面。随着 2007 年 Intel VT FlexMigration 技术的推出，使虚拟机迁移成为可能，2009 年 Intel 支持异构 CHJ 间动态迁移再次向前迈进。

（三）拓展：Motion

（1）Motion 的概念

Motion 是 VMware 公司提出的虚拟机动态迁移技术名称，由于此名称被提出的最早，范围最广，认知度最高，因此下文提到虚拟机迁移技术时大都会使用 motion 来代称。

先要明确 Motion 是一项资源管理技术，不是高可靠性技术，如果你的某台服务器或 VM 突然宕机了，Motion 是不能帮助应用访问进行故障切换和快速恢复的。Motion 是将一个正常的处于服务提供中的 VM 从一台物理服务器搬家到另一台物理服务器上的技术，Motion 的目的是尽可能方便地为服务管理人员提供资源调度转移手段，当物理服务器需要更换配件关机重启，或者是当数据中心需要扩容重新安排资源，这种时候 Motion 就会被用到。

设想一下没有 Motion，上述迁移工作想要完成，首先需要将原始物理服务器上的 VM 关机，再将 VM 文件拷贝到新的物理服务器上，最后将 VM 启动，整个过程 VM 对外提供的服务中断会达到几分钟甚至几小时，而且需要来回操作两台物理服务器上的 VM，对管理人员来说也很麻烦。

（2）Motion 应用场景

Motion 适用什么场景呢？首先肯定得是一虚多的 VM 应用场景，其次是对外业务中断恢复的可靠性要求极高，一般都是 7*24 小时不间断进行应用服务的公司才用得上，最后是计算节点规模始终在不断增长，资源调度频繁，管理维护工作量大的数据中心。

另外共享存储这个强制要求会给数据中心带来整体部署上的限制，尤其是跨数据中心站点 Motion 时，共享存储的问题解决起来很麻烦。

Motion 的出现推动了数据中心站点间大二层互联和多站点动态选路的网络需求，从而导致 OTV 和 LISP 等一系列新网络技术的出现。

通过前面的描述，大家对云计算有了较为清晰的概念。云计算还有一大块内容是平台管理资源调度方面（目前很多厂家宣称的云计算都是云平台）。这部分主要针对客户如何更便捷地创建与获取虚拟化服务资源，实际过程就是用户向平台管理软件提出服务请求，管理平台通过应用程序接口（Application Program Interface，API）将请求转化为指令配置下发给服务器、网络、存储和操作系统、数据库等，自动生成服务资源。需要网络做的就是设备能够识别管理平台下发的配置，从技术创新的角度讲，没有什么新的发展。当前的云平台多以 IaaS 和 PaaS 为主，能做到提供 SaaS 的极少。但在今后看来，SaaS 将会成为云服务租用主流，中小企业和个人可以节省出来 IT 建设和维护的费用，更专注于自身的业务发展。

云计算给数据中心网络带来的主要变化有以下方面。
① 更高的带宽和更低的延迟。
② 服务器节点规模的增加。
③ VM 间通信管理。
④ 跨数据中心站点间的二层互联以承载 Motion。

计算虚拟化中一虚多与多虚一结合使用才是王道。但目前云计算服务提供商能够提供的只是先将物理服务器一虚多成多台 VM，再通过 LB 或集群计算等技术将这些 VM 对外多虚一成一个可用的资源提供服务。个人感觉，如果能做到先将一堆物理服务器虚拟成一台拥有几万个核的 Super Computer，用户再根据自己的需要几个几十个核地自取资源，这样才更有云计算的样子，Super Computer 就是那朵云。

三、云存储与云安全

（一）云存储

云存储是一种网络在线储存（Online Storage）的模式，即把资料存放在通常由第三方代管的多台虚拟服务器，而非专属的服务器上。代管（Hosting）公司运营大型的数据中心，需要数据储存代管的人，则通过向数据中心购买或租赁储存空间的方式，来满足数据储存的需求。数据中心运营商根据客户的需求，在后端准备储存虚拟化的资源，并将其以储存资源池（Storage Pool）的方式提供，客户便可自行使用此储存资源池来存放数据或文件。实际上，这些资源可能被分布在众多的伺服主机上。云存储这项服务透过 Web 服务应用程序接口，或是透过 Web 化的使用者接口来存取。

云存储的优点有以下几点。

①用户只需要为实际使用的存储容量付费。

②用户不需要在他们自己的数据中心或者办公环境中安装物理存储设备，这减少了 IT 和托管成本。

③存储维护工作（如备份、数据复制和采购额外存储）转移至服务提供商，让企业机构把精力集中在他们的核心业务上。

云存储的潜在问题有以下几方面。

①当在云存储提供商那里保存敏感数据时，数据安全就成为一个潜在隐患。

②性能也许低于本地存储。

③可靠性和可用性取决于 WAN 的可用性以及服务提供商所采取的预防措施等级。

④具有特定记录保留需求的用户，如必须保留电子记录的公共机构，可能会在采用云计算和云存储的过程中遇到一些复杂问题。

（二）云安全

1. 云安全的概念和特点

"云安全"（Cloud Security）是网络时代信息安全的最新体现，它融合了并行处理、网格计算、未知病毒行为判断等新兴技术和概念，通过网状的大量客户端对网络中软件行为的异常监测，获取互联网中木马、恶意程序的最新信息，传送到 Server 端进行自动分析和处理，再把病毒和木马的解决方案分发到每一个客户端。

云计算中的安全控制的主要部分与其他 IT 环境中的安全控制并没有什么不同，然而，基于采用的云服务模型、运行模式以及提供云服务的技术，与传统 IT 解决方案相比云计算可能面临不同的风险。

即使有些运行责任落在某些第三方伙伴身上，云计算的一个独特点就是能够在适度地失去控制的同时又能保持可纠责性（Accountability）。

一个机构的安全态势的特征取决于成熟度、有效性以及实现基于风险调节的安全控制的完全程度，这些安全控制可以在一层或多层上实现，包括设备（物理安全）、网络基础设施（网络安全）、IT 系统（系统安全），一直到信息和应用（应用安全），更多的控制还包括人员和过程层面的，职责分离和变更管理等。

在不同云服务模型中，提供商和用户的安全职责有很大的不同。例如，Amazon 的 AWS EC2 架构作为服务包括了一直到 Hypervisor 安全的供应商的安全责任，也就是说它们只能解决物理安全、环境安全和虚拟化安全这些安全控制，而用户则负责与 IT 系统（事件）相关的安全控制，包括操作系统、应用和数据；Salesforce.com 的客户资源管理 CRM SaaS 提供的正好相反，因为整个"栈"都由 Salesforce.com 提供，提供商不仅负责物理和环境安全还必须解决基础设施、应用和数据相关的安全控制，这减轻了用户的许多运行责任。

云计算的吸引力之一在于由经济上的可扩展性、重用性和标准化提供的成本效率。为了支撑这种成本效率，云提供商提供的服务必须足够灵活，以服务最大可能的用户数以及他们的市场，不幸的是，将安全集成到这些服务方案中常被认为其使方案变得僵化。

这种僵化常与传统 IT 相比，表现在云环境不能部署同等的安全控制，这主要是由于基础设施的抽象化、缺少可视化、缺少集成多种熟悉的安全控制手段的能力，特别是在网络层上更是如此。

2. 中国企业的云安全概况

中国企业的"云安全"，在国际云计算领域独树一帜。中国企业云安全通过网状的大量客户端对网络中软件行为的异常监测，获取互联网中木马、恶意程序的最新信息，推送到服务端进行自动分析和处理，再把病毒和木马的解决方案分发到每一个客户端。整个互联网，变成了一个超级大的杀毒软件，这就是云安全计划的宏伟目标。

（1）中国企业云安全发展趋势

未来杀毒软件将无法有效地处理日益增多的恶意程序。来自互联网的主要威胁正在由电脑病毒转向恶意程序及木马，在这样的情况下，采用的特征库判别法显然已经过时。云安全技术应用后，识别和查杀病毒不再仅仅依靠本地硬盘中的病毒库，而是依靠庞大的网络服务，实时进行采集、分析以及处理。整个互联网就是一个巨大的"杀毒软件"，参与者越多，每个参与者就越安全，整个互联网也就会更安全。

云安全的概念提出后，曾引起了广泛的争议，许多人认为它是伪命题。但事实胜于雄辩，云安全的发展像一阵风，瑞星、趋势、卡巴斯基、MCAFEE、SYMANTEC、江民科技、PANDA、金山、360 安全卫士等都推出了云安全解决方案。瑞星基于云安全策略开发的2009新品，每天拦截数百万次木马攻击，其中1月8日更是达到了765万余次。趋势科技云安全已经在全球建立了5大数据中心，几万部在线服务器。据悉，云安全可以支持平均每天55亿条点击查询，每天收集分析2.5亿个样本，资料库第一次命中率就可以达到99%。借助云安全，趋势科技现在每天阻断的病毒感染最高达1000万次。

（2）中国企业云安全思想来源

云安全技术是P2P技术、网格技术、云计算技术等分布式计算技术混合发展、自然演化的结果。值得一提的是，云安全的核心思想，与刘鹏早在2003年就提出的反垃圾邮件网格非常接近。刘鹏当时认为，垃圾邮件泛滥而无法用技术手段很好地自动过滤，是因为所依赖的人工智能方法不是成熟技术。垃圾邮件最大的特征是：它会将相同的内容发送给数以百万计的接收者。为此，可以建立一个分布式统计和学习平台，以大规模用户的协同计算来过滤垃圾邮件。

首先，用户安装客户端，为收到的每一封邮件计算出一个唯一的"指纹"，通过比对"指纹"可以统计相似邮件的副本数，当副本数达到一定数量，就可以判定邮件是垃圾邮件。

其次，由于互联网上多台计算机比一台计算机掌握的信息更多，因而可以采用分布式贝叶斯学习算法，在成百上千的客户端机器上实现协同学习过程，收集、分析并共享最新的信息。

反垃圾邮件网格体现了真正的网格思想，每个加入系统的用户既是服务的对象，也是完成分布式统计功能的一个信息节点，随着系统规模的不断扩大，系统过滤垃圾邮件的准确性也会随之提高。用大规模统计方法来过滤垃圾邮件的做法比用人工智能的方法更成熟，不容易出现误判假阳性的情况，实用性很强。反垃圾邮件网格就是利用分布在互联网里的千百万台主机的协同工作，来构建一道拦截垃圾邮件的"天网"。

反垃圾邮件网格思想提出后，被IEEE Cluster国际会议选为杰出网格项目在香港作了现场演示，在2004年网格计算国际研讨会上做了专题报告和现场演示，引起较为广泛的关注，受到了中国最大邮件服务提供商网易公司创办人丁磊等的重视。既然垃圾邮件可以如此处理，病毒、木马等亦然，这与云安全的思想就相去不远了。

（3）中国企业云安全名称设计

"云安全"这个名字是马刚起的，本打算叫"安全云"，被大家鄙视，认为土气。其实这个概念早就有了，只不过瑞星动得比较快。"云计算"之前，有个很热的概念叫作"网格计算"，就是把大家的计算机联合起来，贡献出一些空闲的计算能力，供大家随时取用。Google 是"网格计算"最早的利用者之一，他的服务器都是用廉价的 PC 机联合起来，用来取代昂贵的服务器，以提供大容量搜索要求的计算能力。其中的技术难点，就在于并行计算、服务器通信这些技术。

由瑞星服务器、数千万瑞星卡卡用户就可以组成虚拟的网络，简称为"云"。病毒针对"云"的攻击，都会被服务器截获、记录并反击。被病毒感染的节点可以在最短时间内，获取服务器的解决措施，查杀病毒恢复正常。这样的"云"，理论上的安全程度是可以无限改善的。"云"最强大的地方，就是抛开了单纯的"客户端"防护的概念。传统客户端被感染，杀毒完毕之后就完了，没有进一步的信息跟踪和分享。而"云"的所有节点，是与服务器共享信息的。你中毒了，服务器就会记录，在帮助你处理的同时，也把信息分享给其他用户，他们就不会被重复感染。于是这个"云"笼罩下的用户越多，"云"记录和分享的安全信息也就越多，整体的用户也就越强大。这才是网络的真谛，也是所谓"云安全"的精华所在。

（4）中国企业云安全难点问题

要想建立"云安全"系统，并使之正常运行，需要解决四大问题：第一，需要海量的客户端（云安全探针）；第二，需要专业的反病毒技术和经验；第三，需要大量的资金和技术投入；第四，必须是开放的系统，而且需要大量合作伙伴的加入。

第一，需要海量的客户端（云安全探针）。只有拥有海量的客户端，才能对互联网上出现的病毒、木马、挂马网站有最灵敏的感知能力。目前瑞星有超过一亿的自有客户端，如果加上迅雷、久游等合作伙伴的客户端，则几乎能够完全覆盖国内的所有网民，无论哪个网民中毒、访问挂马网页，都能在第一时间做出反应。

第二，需要专业的反病毒技术和经验。瑞星拥有将近 20 年的反病毒技术积累，由数百名工程师组成的研发队伍，近年来连续获得国际级技术认证，技术实力稳居世界前列。这些都使瑞星"云安全"系统的技术水平国内最高，国际领先。大量专利技术、虚拟机、智能主动防御、大规模并行运算等技术的综合运用，使得瑞星的"云安全"系统能够及时处理海量的上报信息，将处理结果共享给"云安全"系统的每个成员。

第三，需要大量的资金和技术投入。目前瑞星"云安全"系统单单在服务器、带宽等硬件上的投入就已经超过 1 亿元，而相应的顶尖技术团队、未来数年持续的研究花费将数倍于硬件投资，这样的投入规模是非专业厂商无法做到的。

第四,必须是开放的系统,而且需要大量合作伙伴的加入。瑞星"云安全"是个开放性的系统,其"探针"与所有软件完全兼容,即用户使用其他杀毒软件,也可以安装瑞星卡卡助手等带有"探针"功能的软件,享受"云安全"系统带来的成果。而久游、迅雷等数百家重量级厂商的加入,也大大加强了"云安全"系统的覆盖能力。

第二节 大数据

一、大数据的概念

大数据是一定时期内数据集的收集,这种数据庞大而复杂,导致很难用目前已掌握的数据库管理工具或者传统的数据处理应用程序来处理。这些挑战包括采集、保管、存储、搜索、共享、调动、分析和可视化。业内通常以4个V来体现大数据的特点,即 Volume(大量)、Velocity(高速)、Variety(多样)、Value(价值)。大数据具有实际的作用,可运用于众多行业,包括预测企业趋势、确定研究质量、预防疾病、连接法律引用、打击罪犯和确定实时路况等。

在计算机世界里,大数据被定义为一种使用非传统的数据过滤工具,对大量有序或无序数据集合进行的挖掘过程,它包括但不仅限于分布式计算(Hadoop)。

大数据技术一旦进入超级计算时代,很快便可应用于普通企业,在遍地开花的过程中,它将改变许多行业业务经营的模式。

二、大数据的分类解析

(一)商业智能

商业智能的概念最早由加特纳集团(Gartner Group)于1996年提出,加特纳集团将商业智能定义为:商业智能描述了一系列的概念和方法,通过应用基于事实的支持系统来辅助商业决策的制定。

目前,学术界对商业智能的定义并不统一。商业智能通常被理解为将企业中现有的数据转化为知识,帮助企业做出明智的业务经营决策的工具。这里所谈的数据包括来自企业业务系统的订单、库存、交易账目、客户和供应商等来自企业所处行业和竞争对手的数据以及来自企业所处的其他外部环境中的各种数据。

商业智能一般由数据仓库、联机分析处理、数据挖掘、数据备份和恢复等部分组成。商业智能的实现涉及软件、硬件、咨询服务及应用，其基本体系结构包括数据仓库、联机分析处理和数据挖掘三个部分。

因此，把商业智能看成是一种解决方案应该比较恰当。商业智能的关键是从许多来自不同的企业运作系统的数据中提取出有用的数据并进行分析，以保证数据的正确性，然后经过抽取（Extraction）、转换（Transformation）和装载（Load），即 ETL 过程，合并到一个企业级的数据仓库里，从而得到企业数据的一个全局视图，在此基础上利用合适的查询和分析工具、数据挖掘工具、OLAP 工具等对其进行分析和处理（这时信息变为辅助决策的知识），最后将知识呈现给管理者，为管理者的决策提供支持。

（二）数据挖掘

数据挖掘又称数据库中的知识发现（Knowledge Discover in Database，KDD），是目前人工智能和数据库领域研究的热点问题，所谓数据挖掘是指从数据库的大量数据中揭示出隐含的、先前未知的并有潜在价值的信息的非平凡过程。数据挖掘是一种决策支持过程，它主要基于人工智能、机器学习、模式识别、统计学、数据库、可视化技术等，高度自动化地分析企业的数据，做出归纳性的推理，从中挖掘出潜在的模式，帮助决策者调整市场策略，减少风险，做出正确的决策。

知识发现过程由以下三个阶段组成。

第一，数据准备。

第二，数据挖掘。

第三，结果表达和解释。

数据挖掘是通过分析每个数据，从大量数据中寻找其规律的技术，主要有数据准备、规律寻找和规律表示 3 个步骤。数据准备是从相关的数据源中选取所需的数据并整合成用于数据挖掘的数据集；规律寻找是用某种方法将数据集所含的规律找出来；规律表示是尽可能以用户可理解的方式（如可视化）将找出的规律表示出来。

数据挖掘的任务有关联分析、聚类分析、分类分析、异常分析、特异群组分析和演变分析，等等。

虽然这些任务是重要的，可能涉及使用复杂的算法和数据结构，但是它们主要依赖传统的计算机科学技术和数据的明显特征来创建索引结构，从而有效地组织和检索信息。

（三）并行计算

并行计算（Parallel Computing）是指同时使用多种计算资源解决计算问题的过程。为执行并行计算，计算资源应包括一台配有多处理机（并行处理）的计算机、一个与网络相连的计算机专有编号，或者两者结合使用。并行计算的主要目的是快速解决大型且复杂的计算问题。此外还包括：利用非本地资源，节约成本。

为利用并行计算，通常计算问题表现为以下特征。

第一，将工作分离成离散部分，有助于同时解决。

第二，随时并及时地执行多个程序指令。

第三，多计算资源下解决问题的耗时要少于单个计算资源下的耗时。

并行计算是相对于串行计算来说的，所谓并行计算分为时间上的并行和空间上的并行。时间上的并行就是指流水线技术，而空间上的并行则是指用多个处理器并发地执行计算。

并行计算科学中主要研究的是空间上的并行问题。从程序和算法设计人员的角度来看，并行计算又可分为数据并行和任务并行。一般来说，因为数据并行主要是将一个大任务化解成相同的各个子任务，比任务并行要容易处理。

云计算是在并行计算之后产生的概念，是由并行计算发展而来的，两者在很多方面有着共性。学习并行计算对于理解云计算有很大的帮助。并行计算是学习云计算必须要学习的基础课程。

但并行计算不等于云计算，云计算也不等同于并行计算。两者区别如下。

第一，云计算萌芽于并行计算。

第二，并行计算、网格计算只用于特定的科学领域，专业的用户。

第三，并行计算追求的高性能。

第四，云计算对于单节点的计算能力要求低。

（四）Hadoop

Hadoop 是一个分布式系统基础架构，由 Apache 基金会开发。用户可以在不了解分布式底层细节的情况下，开发分布式程序。充分利用集群的威力高速运算和存储。Hadoop 实现了一个分布式文件系统（Hadoop Distributed File System），简称 HDFS。HDFS 有着高容错性的特点，并且设计用来部署在低廉的硬件上。而且它提供高传输率来访问应用程序的数据，适合那些有着超大数据集应用程序。

Hadoop 受到 Google Lab 开发的 MapReduce 和 Google File System（GFS）

的启发。2006年3月份，MapReduce 和 Nutch Distributed File System（NDFS）分别被纳入称为 Hadoop 的项目中。

Hadoop 是在 Internet 上对搜索关键字进行内容分类的工具中最受欢迎的，它也可以解决许多要求极大伸缩性的问题。例如，如果您要 grep 一个 10TB 的巨型文件，在传统的系统上，这将需要很长的时间，但是 Hadoop 在设计时就考虑到这些问题，采用并行执行机制，因此能大大提高效率。

Hadoop 是一个能够对大量数据进行分布式处理的软件框架，是以一种可靠、高效、可伸缩的方式进行处理的。Hadoop 是可靠的，因此它可以维护多个工作数据副本，因此当计算元素和存储失败时，其能够针对失败的节点重新分布处理；Hadoop 是高效的，因为它以并行的方式工作，通过并行处理加快处理速度；Hadoop 还是可伸缩的，能够处理 PB 级数据。此外，Hadoop 依赖于社区服务器，因此它的成本比较低，任何人都可以使用。

Hadoop 由许多元素构成。其最底部是 HDFS，它存储 Hadoop 集群中所有存储节点上的文件。HDFS（对于本文）的上一层是 MapReduce 引擎，该引擎由 JobTrackers 和 TaskTrackers 组成。

三、数据仓库与数据分析

（一）数据仓库

数据仓库的概念由数据仓库之父比尔·恩门（Bill Inmon）于1990年提出，主要功能乃是将组织通过资讯系统的联机交易处理（OLTP）经年累月所累积的大量资料，通过数据仓库理论所特有的资料储存架构，做有系统的分析整理，以利各种分析方法如线上分析处理（OLAP）、数据挖掘（Data Mining）的进行，并进而支持如决策支持系统（DSS）、主管资讯系统（EIS）的创建，帮助决策者能快速有效的自大量资料中，分析出有价值的资讯，以利决策拟定及快速回应外在环境变动，帮助建构商业智能（BI）。

数据仓库是决策支持系统和联机分析应用数据源的结构化数据环境。数据仓库研究和解决从数据库中获取信息的问题。数据仓库的特征在于面向主题、集成性、稳定性和时变性。

数据仓库的分析数据周期一般分为日、周、月、季、年等，可以看出，日为周期的数据要求的效率最高，要求24小时甚至12小时内，客户能看到昨天的数据分析。数据仓库所提供的各种信息，肯定要准确的数据，但数据仓库流程通常分为多个步骤，包括数据清洗、装载、查询、展现等。

之所以有的大型数据仓库系统架构设计复杂，是因为考虑到了未来3—5年的扩展性，这样的话，未来不用太快花钱去重建数据仓库系统，就能很稳定的运行。

数据仓库技术可以将企业多年积累的数据唤醒，不仅为企业管理好这些海量数据，而且挖掘数据潜在的价值，从而成为通信企业运营维护系统的亮点之一。正因为如此，广义地说，基于数据仓库的决策支持系统由三个部件组成：数据仓库技术，联机分析处理技术和数据挖掘技术。

（二）数据分析

数据分析是指用适当的统计方法对收集来的大量第一手资料和第二手资料进行分析，以求最大化地开发数据资料的功能，发挥数据的作用。是为了提取有用信息和形成结论而对数据加以详细研究和概括总结的过程。数据也称观测值，是实验、测量、观察、调查等的结果，常以数量的形式给出。

数据分析有极广泛的应用范围。典型的数据分析可能包含以下三个步骤。

1. 探索性数据分析

当数据刚取得时，可能杂乱无章，看不出规律，通过作图、造表、用各种形式的方程拟合，计算某些特征量等手段探索规律性的可能形式，即往什么方向和用何种方式去寻找和揭示隐含在数据中的规律性。

2. 模型选定分析

模型选定分析是指在探索性分析的基础上提出一类或几类可能的模型，然后通过进一步的分析从中挑选一定的模型。

3. 推断分析

通常使用数理统计方法对选定模型的可靠程度和精确程度作出推断。数据分析过程的主要活动由识别信息需求、收集数据、分析数据、评价并改进数据分析的有效性组成。

识别信息需求是确保数据分析过程有效性的首要条件，可以为收集数据、分析数据提供清晰的目标。识别信息需求是管理者的职责，管理者应根据决策和过程控制的需求，提出对信息的需求。就过程控制而言，管理者应识别需求，要利用那些信息支持评审过程输入、过程输出、资源配置的合理性、过程活动的优化方案和过程异常变异的发现。

收集数据需要有目的地收集数据，是确保数据分析过程有效的基础。组织对需要收集数据的内容、渠道、方法进行策划。

分析数据是将收集的数据通过加工、整理和分析，使其转化为信息。

数据分析是质量管理体系的基础。

四、数据中心

（一）Client 与 Server

在所有的数据通信会话中，只有两个永恒的角色：客户端（Client）与服务器（Server）。为了叙述简便，把数据中心内部的终端统一称之为 Server，数据中心外部的为 Client。这样网络间的流量通信就只剩下 Client-Server（CS）与 Server-Server（SS）两种了。其实更准确说还是只有 CS 一种，SS 通信也是有个发起方和响应方的。QQ/MSN 等即时通信软件的流量模型实际可理解为 CSC；唯有 P2P 对 CS 结构有所颠覆，但不管怎么处理也必定会存在对 Server 角色进行最初的调度。

所有数据中心需要处理的业务就是 CS 和 SS 两种，CS 肯定是基于 IP 进行 L3 转发的了，SS 则分为基于 IP 的 L3 和基于 MAC 的 L2 两种转发方式。基于 IP 的 SS 通信主要是不同业务间的数据调用，如 WEB/APP 服务器去调用 DB 服务器上的数据，再如有个员工离职，职工管理系统会同步通知薪酬管理、考勤管理、绩效管理等一系列系统进行删除信息的相关操作。基于 MAC 的 SS 通信则是同一类服务器间的数据同步计算，比如使用 WEB 集群分流用户访问时，需要对修改或增删的数据进行集群同步；再比如多虚一中集群一起计算任务时协调者和执行者之间的大量通信进行任务调度。

（二）层次化与扁平化

数据中心的网络结构取决于应用计算模型，计算模型主要分为层次化与扁平化两种结构。其特点是客户请求计算结果必须逐层访问，返回数据也要逐层原路返回。

从网络角度讲，扁平化相比较层次化结构最大的好处是可以减少服务器的网卡接口数量（省钱），然而缺点是没有清晰的层次，部署维护的复杂度就会相应提升。总体来说，当前数据中心实际组网建设中，这两种方式谁都没占据到绝对优势。

前文说过，云计算主要分为多虚一与一虚多两种虚拟化结构。一虚多对传统计算模型没有太大影响，只是将其服务器从物理机到虚拟机数量规模扩大了 N 倍，网络规模也随之进行扩大。而多虚一中，协调者角色对应了接口层服务器，执行者角色则对应数据层服务器，由于此时大量的通信交互是在不同执行者之间或执行者与协调者之间，需要重点关注的大规模网络就由原来的接口层服务器之前，转移到了接口层服务器与数据层服务器之间。

（三）三层结构与两层结构

在以往的数据中心网络建设时，关注的重点都是指接口层服务器前的网络，传统的三层网络结构的汇聚层作为服务器网关，可以增加防火墙、负载均衡和应用加速等应用优化设备。

但在云计算数据中心里面 Ethernet 网络规模扩大，流量带宽需求增加，因此不会在网络中间位置再插入安全和优化设备了，转发性能太低，上去就是瓶颈，汇聚层的位置也就可有可无了。再加上带宽收敛比的问题，短期内大型云计算数据中心网络里面不会出现汇聚层的概念。以前是百兆接入、千兆汇聚、万兆核心，现在服务器接入已经普及千兆向着万兆迈进了，除非在框式交换机上 40G/100G 接口真的开始大规模部署，还有可能在云计算数据中心里面再见到超过两层的级联结构网络。现如今的云计算数据中心流行的都是千兆接入、万兆核心的两层网络结构。

此两层网络结构部署在接口层服务器之前，一般会将服务器网关部署在 Core Switch 上，但前提是网络规模不会太大，Core Switch 不会太多（2个就差不多了），否则 VRRP/HSRP 等多网关冗余协议只能走到一个活动网关，会导致网络效率很低。还有一种方式是将服务器网关部署在 Access Switch 上，Access Switch 与 Core Switch 之间通过 OSPF（Open Shortest Path First）等动态路由协议达到全互联，使用等价路由达到多 Core Switch 的负载均担。但此方式的缺点是 L3 路由交互转发效率较低，部署复杂且占用大量 IP 地址。在未来的 TRILL/SPB 等二层 Ethernet 技术结构中，可能会出现专门作为网关与外部进行 IP 层面通信用的边缘交换机（由于出口规模有限，2—4 台就足够了），内部 Core Switch 只做二层转发，可以大规模部署以满足内部服务器交互的需求。

当遇到多虚一高性能计算的模型，则二层网络结构会被部署在接口服务器与数据服务器之间，为二者构建纯二层的大规模交互网络。

（四）Server 与 Storage

前面说的 CS/SS 网络可以统称为数据中心前端网络，目前和以后基本上都是 IP+Ethernet 一统天下（IB Infiniband 只能吃到高性能计算的一小口）。有前端当然就有后端，在数据中心里面，服务器与存储设备连接的网络部分统称为数据中心后端网络。就目前和短期的未来来看，这块儿都是 FC（Fibre

Channel）的天下。

直连存储（Direct Attached Storage，DAS）就是服务器里面直接挂磁盘，网络存储器（Network Attached Storage，NAS）则是网络中的共享文件服务器，此二者大多与数据中心级别存储没什么关系。只有 SAN（Storage Area Network）才是数据中心存储领域的霸主，磁盘阵列会通过 FC 或 TCP/IP 网络注册到服务器上模拟成直连的磁盘空间。而目前 FC SAN 是主流中的主流，基于 TCP/IP 的 IP SAN 等都是陪太子读书的角色。

在服务器到存储的后端网络中，涉及 IO 同步问题，高速、低延迟与无丢包是对网络的基本需求，而 Ethernet 技术拥有冲突丢包的天然缺陷，FC 的无丢包设计使其领先一步，加上早期 Ethernet 还挣扎在 100M 带宽时，FC 已经可以轻松达到 2G，所以在后端网络中从开始到现在都是 FC 独占鳌头。但是从发展的眼光看，Ethernet 目前已经向着 40G/100G 迈进，而 FC 的演进并不理想。

在目前阶段，为了兼容数据中心已有的主流 FC 网络和存储设备，基于 iSCSI 技术的 IP SAN 技术没能开花结果的情况下，众多 Ethernet 网络厂商又推出了以太网光纤通道（FCoE）来蚕食服务器到存储这块蛋糕。

FCoE 没有像 IP SAN 那样一下子完全取代 FC 去承载后端网络，而是走前后端网络融合，逐步蚕食的路线，是网络厂商们将数据中心的核心由服务器向网络设备转移的重要武器。相比较 IP SAN，FCoE 采用了一条更为迂回的兼容道路，目前已经出现了支持 FCoE 的存储设备，也许 Ethernet 完全替代 FC 的时代真的能够到来。

如果 FCoE 能成功，虽然短期内交换机、服务器和存储的价格不会有太大的变化，但是如果能占据了核心位置，对未来的技术发展就有了更大的话语权，附加值会很高。又如当前的边缘虚拟桥（Edge Virtual Bridging，EVB）和桥接端口扩展（Bridging Port Extension，BPE）技术结构之争，也同样是话语权之争。

当一项完全不能向前兼容的全新技术出现时，除非是有相当于一个国家的力量去推动普及，而且原理简单到 8—80 岁都一听就明白，否则注定会夭折，与技术本身优劣无太大关系。

（五）数据中心多站点

数据中心多站点是个有钱人的话题，且符合二八法则，能够建得起多个数据中心站点的在所有数据中心项目中数量也许只能占到 20%，但他们占的市场份额肯定能达到 80%。

建多个数据中心站点主要有两个目的：一是扩容；二是灾备。

1. 扩容

一个数据中心的服务器容量不是无限的，建设数据中心时需要考虑的主要因素是空间、电力、制冷和互联。数据中心购买设备、场地建设只是占总体耗费的一部分，其使用过程中的耗能维护开销同样巨大，以前就闹过建得起用不起的笑话。当然现在建设时要规范得多，考虑也会更多，往往做预算时都要考虑到未来10年甚至以上的应用损耗。

例如，以前曾有某大型ISP打算找个雪山峡谷建数据中心，荒郊野外空间本来就大，融雪制冷，水力发电，听上去一切都很美，但是就忘了一件事——互联。光纤从哪里拉过去，那么远的距离中间怎么维护，至少从目前阶段来说这个问题无解。也许等到高速通信发展到可以使用类似铱星的无线技术时，数据中心就真的都会建到渺无人烟的地方，但是现在还只能在城市周边徘徊。国外有建得比较偏远的大型数据中心，但笔者认为是人家通信行业发达，光纤资源丰富，四处都能接入。

现在国内已经有超过10k台物理服务器在一个数据中心站点的项目了。只有几百上千的物理服务器就敢搞云计算是需要一定勇气的，既然是云，规模就应永无止境。所以建多个数据中心站点来扩容就成了必然之举。这时就可能遇到Cluster集群计算任务被分配在多个站点的物理服务器或虚拟机来完成的情况，从而提出了跨多个数据中心站点的Ethernet大二层互联需求。

在扩容时，就可以充分利用Motion等虚拟机迁移技术来进行新数据中心站点的建设部署，这同样需要站点间的大二层互通。支持IP层的Motion虽然已经出现，但由于技术不够成熟，限制很多，实用性不强，所以目前新数据中心的建设还是以Ethernet二层迁移技术为主。

2. 灾备

最近几年数据中心容灾越来越受到重视。扩容和灾备的主要区别就是：扩容的多个站点针对同一应用都要提供服务；而灾备则只有主站点提供服务，备份站点只有当主站点不工作的时候才对外服务，平时都处于不运行或者空运行的状态。

参考国标《信息系统灾难恢复规范》GB/T 20988-2007，灾备级别大致可划分为数据级别（存储备份）、应用级别（服务器备份）、网络级别（网络备份）和最高的业务级别（包括电话、人员等所有与业务相关资源）。

国内外统一的容灾衡量标准是恢复点目标（Recovery Point Objective，RPO）、恢复时间目标（Recovery Time Objective，RTO）和恢复访问目标（Recovery

Access Objective，RAO）了，简单来说 RPO 衡量存储数据恢复，RTO 衡量服务器应用恢复，RAO 衡量网络访问恢复。一般来说 RPO 设计都应小于 RTO。

标准归标准，真正建设时候最重要的参考条件还是应用的需求，如银行可以直接去调研储户能容忍多长时间取不出来钱，腾讯去问问 QQ 用户能容忍多长时间上不了线，就都知道该怎么设计容灾恢复时间了。

真正从事多中心灾备的行业，国内集中在金融系统（尤其是银行），政府和能源电力等国字头产业，国外的不太清楚，但笔者认为以盈利为主要目的企业不会有太强烈意愿去建设这种纯备份的低效益站点，更多的是在不同站点内建设一些应用级别的灾备，所有站点都会对外提供服务。

在云计算规模的数据中心中，对于 LB 类型的多虚一集群技术，执行者少上几个不会影响全局任务处理的，只要在扩容时做到数据中心间大二层互通，所有站点内都有计算任务的执行者，并且配合 HA 技术将协调者在不同站点做几个备份，就已经达到了应用容灾的效果。针对一虚多的 VM 备份，VMware/XEN 等都提出了虚拟机集群 HA 技术，此时同样需要在主中心站点与备份中心站点的服务器间提供二层通道以完成 HA 监控管理流量互通，可以达到基于应用层面的备份。

云计算数据中心多站点主要涉及的还是扩容，会部署部分针对 VM 做 HA 的后备服务器，但是不会搞纯灾备站点。多站点间网络互联的主要需求就是能够做到二层互联，当站点数量超过两个时所有站点都需要二层可达，并部署相关技术提供冗余避免环路。

（六）多站点选择

数据中心建设多站点后，由于同一应用服务可以运行在多个站点内部，对 Client 来说就面临着选择的问题。

首先要记住的是一个 Client 去往一个应用服务的流量必须被指向一台物理或虚拟的 Server。所以维持一对 Client-Server 通信时的持续专一是必须的。

Client 到 Server 的访问过程一般分为以下两步。

第一步，Client 访问域名服务器得到 Server IP 地址。

第二步，Client 访问 Server IP，建立会话，传递数据。

当前的站点选择技术也可以对应上面两个步骤分为两大类。

第一类是在域名解析时做文章，简单来说就是域名服务器去探测多个站点内 IP 地址不同的服务器状态，再根据探测结果将同一域名对应的不同 IP 返回给不同的 Client。这样一是可以在多个 Client 访问同一应用时，对不同站点的服务器进行负载均担，二是可以在当域名服务器探测到主站点服务器故障时，解析其他站点的服务器 IP 地址使 Client 达到故障冗余的目的。这时要求不同站点的服务地址必须在不同的三层网段，否则核心网没法提供路由。这缺点也很明显，对域名解析服务器的计算压力太大，需要经常去跟踪所有服务器状态并 Hash 分配 Client 请求的地址。此类解决方案的代表是 F5/redware/Cisco 等厂商的 3DNS/GSLB/GSS 等技术。

第二类就是把多个站点的服务 IP 地址配置成一样，而各个站点向外发布路由时聚合成不同位数的掩码（如主中心发布 /25 位路由，备中心发布 /24 位路由），或通过相同路由部署不同路由协议 Cost 值以达到主备路由目的。使用掩码的问题是太细则核心网转发设备上的路由数量压力大，太粗则地址使用不好规划很浪费。使用 Cost 则需要全网 IP 路由协议统一，节点规模受到很大限制。另外这种方式只能将所有 Client 访问同一服务 IP 的流量指向同一个站点，负载分担只能针对不同的服务；好处则是这种站点选择技术谁都能用，不需要专门设备支持，部署成本低成为其存活的依据。

在云计算大二层数据中心部署下，各个站点提供同一服务的 Server 都处于一个二层网络内，且不能地址冲突，与前面描述的两种站点选择技术对服务器 IP 设置要求都不匹配，因此需要配合 SLB 设备一起使用。可以理解其为一种基于 IP 粒度的多虚一技术，使用专门 LB 硬件设备作为协调者，基于 IP 地址来分配任务给服务组中不同的 Server 执行成员。LB 设备通常将多个 Server 对应到一个 NAT 组中，外部访问到一个 NAT Server 虚拟 IP 地址，由 LB 设备按照一定算法分担给各个成员。LB 设备同时会探测维护所有 Server 成员状态。当各个站点内 LB 设备将同一服务对外映射为不同的虚拟 IP 地址时，可以配合域名解析方式提供 Client 选路；而配置为相同时则可以配合路由发布方式使用。

现有的站点选择技术都不尽如人意，即使是下文介绍的 Cisco 新技术 LISP 也只是部分地解决了路由发布技术中，发布服务器地址掩码粒度过细时，给核心网带来较大压力的问题，目前其还不算是一套完整的站点选择解决方案。笔者认为，最好的方法还是得想法改造 DNS 的处理流程，因为目前的 DNS 机制并不完备，在攻击面前脆弱不堪。

第二章 云计算的服务架构层次

美国国家标准技术研究所（NIST）在对云计算制定标准中提出：云计算分为三种服务模式来交付服务，分别为基础设施即服务（IaaS）、平台即服务（PaaS）和软件即服务（SaaS），这也是被业界最广泛认同的划分。

第一节 基础设施即服务

基础设施即服务，通过网络提供给消费者的包括处理、存储、网络和其他基本的计算资源的服务，提供给用户的包括虚拟机、存储空间或者可装载应用的程序，而消费者不管理或控制任何云计算基础设施，但能控制操作系统的选择、储存空间、部署的应用，也有可能获得有限制的网络组件（如防火墙、负载均衡器等）的控制，而整个管理工作交由 IaaS 来做。

一、IaaS 相关产品

为更好地理解 IaaS 这一层云服务的概念，我们分别列举了相关 IaaS 的几个产品。

1. 亚马逊弹性计算云（Amazon EC2）

亚马逊的弹性计算云（Elastic Compute Cloud，EC2），最早是在 2006 年 8 月 25 日推出的 beta 版本。可以说是比较典型的 IaaS 层的一款产品，EC2 主要以提供不同规格的计算资源（也就是虚拟机）为主。这里大家不要理解为 IaaS 层只是针对虚拟机，实际上亚马逊还有针对存储空间的服务 Amazon S3 产品。EC2 产品具有以下特点。

第一，功能丰富。支持丰富的操作系统和海量的软件，还支持负载均衡等，并提供功能强大的 Web 管理界面和 API。

第二，性能优越。除了快速的启动速度之外，EC2 还提供了各种配置强大的套餐让用户随意进行选择。

第三，安全性高。EC2 提供多种安全机制来确保用户能安全地使用其提供的实例。

第四，多地点。允许用户在多个地点之间进行选择，来提升用户的应用体验。

第五，初期投入低。无须高昂的前期投入，用户只需按照其使用的时间付费。

第六，扩展方便。能同时轻松地部署多个新的实例来满足突发请求。

让用户可以租用云电脑运行所需应用的系统。EC2 借由提供 Web 服务的方式让用户可以弹性地运行自己的 Amazon 机器镜像文件，可以让用户在这个虚拟机上运行任何自己想要的软件或应用程序。它是基于著名的开源虚拟化技术 zen。每个虚拟机又称做实例，能够运行小、大、极大三种能力的虚拟私有服务器。Amazon 利用 EC2 Compute Units 分配硬件资源。EC2 系统提供以下的虚拟机实例类型。用户可以随时创建、运行、终止自己的虚拟服务器，收费标准按使用时间的长短计算，因此这个系统是"弹性"使用的。EC2 让用户可以控制运行虚拟服务器的主机地理位置，这可以让延迟及备援性最高。例如，为了让系统维护时间最短，用户可以在每个时区都运行自己的虚拟服务器。

在 EC2 产品中，我们需要理解的重要概念是 AMI（Amazon Machine Images），简单地说，AMI 可以被认为是 zen 虚拟机的镜像（Image），在镜像里面包含了操作系统和一些软件，如 Apache 和 MySQL 等。用户在创建实例时，需要为这个实例选定一个 AMI，在启动这个实例时，会通过读/写这个 AMI 来启动操作系统。AMI 也可以被认为是一个虚拟器件，但和标准的虚拟器件不同的是，它并不是基于 OVF 协议，而是基于 Amazon EC2 这一套自己的规范来进行配置和调整，比如，关于 SSH 认证的设定等。

2. VMware cloud Express

VMware cloud Express 提供可靠、按需、即付即用的"计算即服务"。VMware cloud Express 基于 VMware 业界领先和最全面的虚拟化平台（VMware vSphere）构建的，客户可以从 VMware cloud Express 起步，并逐渐发展成为具备高可用性和高服务水平的企业级云环境，并确保它能够转入生产环境。与其他按需的云解决方案不同，VMware cloud Express 将使开发人员快速地访问与机构内部 VMware 虚拟化 IT 环境相兼容的、即付即用的基础架构，使从外部研发到内部部署的应用程序交互性和移动性变得更加容易。VMware cloud Express 使客户可以根据需求灵活地利用 IT 资源，并且只需基于使用付费。

二、使用场景

这里讲的使用场景，一方面来讲是这一层次云服务的用户有哪些，另一方面是用户可记住相关云计算产品提供商可搭建 IaaS 层的环境。

依据上面对 IaaS 的说明，我们能够看到是否在这一层次上有很大的价值所在。特别是对于中小企业，无须启动成本，只需按需付费即可租用到功能强大的立即可用的 IT 基础设施。比如由 Zynga.com 开发的游戏"黑帮战争"等就是运行在亚马逊 AWS 产品上。据相关报道每个月有超过 2.3 亿个用户运行在亚马逊 AWS 上的 12 000 台服务器上。每当游戏开发商推出新游戏时，随着用户的增长，服务器数量可动态的扩充。还有 SmugMug 公司，这是一家在线照片存储共享网站，拥有数亿照片资源和几十万付费用户。由于业务量剧增导致其无法承担巨额的基础设施开销，于是选择 Amazon EC2 和 S3 服务，使得其庞大的工作量只需 50 人就可以完成。

第二节 平台即服务

平台即服务，面向的用户主要是开发人员。用户开发的应用程序能够运行在它之上，同时在这样一个运行环境中，应用程序还能够调用平台提供的各种底层服务，包括数据库存储服务、缓存服务、邮件服务等。换句话说，peas 平台可提供应用程序的托管以及底层服务支持。

我们再来理解一下 PaaS 的概念，用户可以在一个包括 SDK、文档和测试环境在内的开发平台上非常方便地编写应用，而且在部署或运行时，用户都无须为服务器、操作系统、网络和存储等资源的管理操心，因为这些烦琐的工作都交给了 PaaS 供应商去处理，它所面向的主要用户就是开发人员。

PaaS 的相关产品也比较多，如大名鼎鼎的 Google App Engine 就是这一层云服务的典范，其他产品还有 Windows Azure Platform，以及 Sina App Engine 等。一般情况下的 PaaS 产品需要有以下功能。

①具有友好的开发环境，需要提供 SDK，以及 IDE。

②具有丰富的服务，可供调用，方便开发者尽量关注自身的业务。

③具有自动资源调度、可伸缩的特性，不仅能优化系统资源，而且能够自动调整资源帮助运行其上的应用更好地应对突发流量。

精细的管理和监控，通过 PaaS 能够提供应用层的管理。例如，能够观察应用运行情况和具体数值，如吞吐量、使用时间等，来更好地衡量应用运行的情况，同时也可作为计费的标准。

1. Google App Engine

Google App Engine是一种可以在Google的基础架构上运行网络应用程序，部署在云端的应用执行环境。Google App Engine应用程序易于构建和维护，并可根据访问量和数据存储需要的增长轻松扩展。使用Google App Engine，将不再需要维护服务器：只需上传应用程序，它便可立即为用户提供服务。

通过Google App Engine，即使在重载和数据量极大的情况下，也可以轻松构建能安全运行的应用程序。该环境包括以下特性：

动态网络服务，提供对常用网络技术的完全支；

持久存储有查询、分类和事务；

自动扩展和载荷平衡；

用于对用户进行身份验证和使用Google账户发送电子邮件的API；

一种功能完整的本地开发环境，可以在计算机上模拟Google App Engine。

Google App Engine应用程序是使用Python编程语言实现的，其运行环境包括完整Python语言和多数Python标准库，其构成包括以下几方面。

（1）沙盒（Sandbox）

在安全环境中运行的应用程序，仅提供对基础操作系统的有限访问权限。这些限制让Google App Engine可以在多个服务器之间分发应用程序的网络请求，并可以启动和停止服务器以满足访问量需求。Sandbox将应用程序隔离在自己的安全可靠的环境中，该环境与网络服务器的硬件、操作系统和物理位置无关。

安全Sandbox环境的限制实例包括以下几方面。

①应用程序只能通过提供的网址获取电子邮件服务和访问互联网中的其他计算机。其他计算机只能通过在标准端口上进行HTTP（或HTTPS）请求来连接该应用程序。

②应用程序无法向文件系统写入，只能读取通过应用程序代码上传的文件。该应用程序必须使用Google App Engine数据库存储所有的在请求之间持续存在的数据。

③应用程序代码仅在响应网络请求时运行，且必须在几秒钟内返回响应数据。请求处理程序不能在响应发送后产生子进程或执行代码。

（2）数据库

Google App Engine提供了一个强大的分布式数据存储服务，其中包含查询引擎和事务功能。就像分布式网络服务器随访问量的增加而增加一样，该分布式数据库也会随数据的增加而增加。该数据库与传统关系数据库不同。数据对象有一类和一组属性。可以查询检索按属性值过滤和分类的给定种类的实体。属性值可以是受支持的属性值类型中的任何一种。

数据库使用乐观锁定进行并发控制。如果有其他进程尝试更新某实体，而同时该实体位于以固定次数进行重新尝试的事务中，此时该实体将被更新。应用程序可以在一个事务中执行多项数据库操作（全部成功或者全部失败），从而确保数据的完整性。

数据库通过其分布式网络使用"实体组"实现事务。一个事务操作一个组内的实体。同一组的实体存储在一起，以高效执行事务。应用程序可以在实体创建时将实体分配到组。

（3）账户

Google App Engine 包括用于与 Google 账户集成的服务 API。应用程序使用户可以通过 Google 账户登录，并可以访问与该账户关联的电子邮件地址和可显示的名称。Google 账户可以使用户更快地开始使用应用程序，因为用户可以不用创建新账户，Google 账户还省去只为应用程序执行用户账户系统的麻烦。

如果应用程序正在 Google Apps 下运行，则它可以与组织的成员和 Google Apps 账户成员使用相同的功能。

用户 API 还可告知应用程序当前用户是否是应用程序的注册管理员。这样便可轻松实现站点上仅用于管理的区域。

（4）提供的服务

Google App Engine 提供了多种服务，从而可以在管理应用程序的同时执行常规操作。其提供了以下 API 以访问这些服务。

①网址获取。应用程序可以使用 Google App Engine 的网址获取服务访问互联网上的资源，如网络服务或其他数据。网址获取服务提供了对检索网络资源的快速访问能力。

②邮件。应用程序可以使用 Google App Engine 的邮件服务发送电子邮件。邮件服务使用 Google 基础架构发送电子邮件。

③MemCache。MemCache 服务为应用程序提供了高性能的内存键值缓存，可通过应用程序的多个实例访问该缓存。MemCache 对于那些不需要数据库的永久性功能和事务功能的数据很有用，如临时数据或从数据库复制到缓存以进行高速访问的数据。

④图片操作。图片服务使应用程序可以对图片进行操作。使用该 API，可

以对 JPEG 和 PNG 格式的图片进行大小调整、剪切、旋转和翻转。

（5）开发工作流程

软件开发套件（SDK）包括可以在本地计算机上模拟所有 Google App Engine 服务的网络服务器应用程序。该 SDK 包括 Google App Engine 中的所有 API 和库。该网络服务器还可以模拟安全 Sandbox 环境，包括检查是否存在禁用模块的导入以及对不允许访问的系统资源的尝试访问。

该 SDK 还包括可将应用程序上传到 Google App Engine 的工具。创建了应用程序的代码、静态文件和配置文件后，即可运行该工具上传数据。该工具会提示需提供 Google 账户电子邮件地址和密码。

构建已在 Google App Engine 上运行的应用程序的新发行版本时，可以将新发行版本作为新版本上传。在改为使用新版本之前，旧版本可以继续为用户提供服务。可以在仍运行旧版本的同时在 Google App Engine 上测试新版本。

管理控制台是基于网络的界面，用于管理在 Google App Engine 上运行的应用程序。可以使用它创建新应用程序、配置域名、更改应用程序当前的版本、检查访问权限和错误日志以及浏览应用程序数据库。

（6）限制规则

创建 Google App Engine 应用程序不仅简单，而且是免费的。可以创建账户，然后发布一个应用程序，用户无须承担任何费用和责任即可立即使用该应用程序。通过免费账户获得的应用程序可使用多达 500MB 的存储空间和多达每月 500 万的页面浏览量。

在试用期间，最多可注册 3 个应用程序，Google 提供的免费账户让用户很快就能够以有竞争力的市场价格购买其他的计算资源。试用期过后，可继续使用免费账户。

有些功能会施加与限额无关的限制，以保护系统的稳定性。例如，当调用某应用程序为网络请求提供服务时，该应用程序必须在几秒钟内发出响应。如果该应用程序花费的时间过长，则进程将被终止并且服务器将向用户返回错误代码。响应超时是动态的，如果请求处理程序经常出现超时，则可以缩短请求超时以节省资源。

服务限制的另一实例是查询返回的结果数。一个查询最多可返回 1000 条结果。要返回更多结果的查询只能返回该最大值。在这种情况下，执行这种查询的请求不可能在超时前返回请求，但限制仍存在，以节省数据库上的资源。

试图破坏或滥用限额（如同时在多个账户上操作应用程序）违反服务条款，并可能导致应用程序被禁用或账户被关闭。

2. Sina App Engine

Sina App Engine（简称 SAE）是新浪研发中心于 2009 年上半年开始内部开发，并在 2009 年 11 月 3 日正式推出的第一个 Alpha 版本的国内首个公有云计算平台，SAE 是新浪云计算（简称浪云）战略的核心组成部分。

SAE 作为国内的公有云计算，从开发伊始借鉴吸纳 Google、Amazon 等国外公司的公有云计算的成功技术经验，并很快推出了不同于他们的具有自身特色的云计算平台。SAE 选择在国内流行最广的 Web 开发语言 PHP 作为首选的支持语言，Web 开发者可以在 Linux/Mac/Windows 上通过 SDK 或者 Web 版在线 SDK 进行开发、部署、调试，团队开发时还可以进行成员协作，不同的角色将对代码、项目拥有不同的权限；SAE 提供了一系列分布式计算、存储服务供开发者使用，包括分布式文件存储、分布式数据库集群、分布式缓存、分布式定时服务等，这些服务将大大降低开发者的开发成本。同时又由于 SAE 整体架构的高可靠性和新浪的品牌保证，大大降低了开发者的运营风险。另外，作为典型的云计算，SAE 采用"所付即所用，所付仅所用"的计费理念，通过日志和统计中心精确地计算每个应用的资源消耗（包括 CPU、内存、磁盘等）。

（1）应用程序运行环境

SAE 从架构上采用分层设计，从上往下分别为反向代理层、路由逻辑层、Web 计算服务池。而从 Web 计算服务层延伸出 SAE 附属的分布式计算型服务和分布式存储型服务，具体又分成同步计算型服务、异步计算型服务、持久化存储服务、非持久化存储服务。

服务路由层：逻辑层，负责根据请求的唯一标识，快速地映射到相应的 Web 服务池，并映射到相应的硬件路径。如果发现映射关系不存在或者错误，则给出相应的错误提示。该层对用户隐藏了很多具体地址信息，使开发者无须关心服务的内部实际分配情况。

Web 服务池：由一些不同特性的 Web 服务池组成。每个 Web 服务池实际是由一组 Apache Server 组成的，这些服务池按照不同的 SLA 提供不同级别的服务。每个 Web 服务进程实际处理用户的 HTTP 请求，进程运行在 HTTP 服务沙盒内，同时还内嵌同样运行在 SAE 沙盒内的 PHP 解析引擎。用户的代码最终通过接口调用各种服务。

日志和统计中心：负责对用户所使用的所有服务的配额进行统计和资源计费。这里的配额有两种，一种是按分钟配额，用来保证整个平台的稳定；一种是按天配额，用户可以给自己设定每天资源消耗的最高上限。日志中心负责将用户所有服务的日志汇总并备份，以及提供检索查询服务。

各种分布式服务：SAE 提供覆盖 Web 应用开发主要方面的多种服务，用户可以通过 StdLib 很方便地调用它们。同时因为 Web 服务的多样性，SAE 的标准服务不可能满足所有场景的需求，所以 SAE 通过服务总线来对接第三方服务（如分词、全文检索等），SAE 也欢迎第三方服务商选择 SAE 来为开发者提供服务。

（2）沙盒（Sandbox）

真正的用户代码是运行在 SAE 提供的 Web 运行环境下的，为了提供公有云计算特有的安全性，SAE 设计多层沙盒来保证用户应用之间的隔离性。

（3）开发工作流程

目前，Sina App Engine 支持利用 SVN 部署代码。也就是说，作为新用户首先需要在 sae.sina.com.cn 上注册一个账号。使用注册好的账号登录后，就可以进入应用列表界面。应用的创建非常简单，只需填写一些必需的信息即可，但要注意应用名是全局唯一的。创建应用程序完成后，通过 SVN 部署代码，然后就是可访问应用了。如果没有本地调试环境，用户需要以 SDK 同步或者使用在线 SDK 编辑的方式调试代码，同时 SAE 提供了丰富的服务供开发者使用，包括数据库、存储、缓存、队列、定时、图片、邮件等，几乎可以覆盖 Web 服务的所有需求，用户可以进到服务页面查看每个服务的使用说明。提供应用管理、成员管理，邀请别的开发者加入项目，并赋予相应的权限。SAE 集成了 XHProf，用户使用它可以很方便地进行服务调优。

第三节　软件即服务

一、SaaS 的概念

SaaS 提供给客户的服务是运营商运行在云计算基础设施上的应用程序，是软件服务提供商为满足用户某种特定需求而提供为其消费的软件的计算能力。通过 SaaS 模式，用户只要连上网络，并通过浏览器，就可直接使用在云端上运行的应用，而不需要顾虑类似安装等琐事，并且免去建设初期高昂的软硬件投入。

1. SaaS 作为云计算服务的最上层

SaaS 作为云计算服务的最上层，是与云计算所有用户接触最充分和最普遍的一层。一方面，对于任何规模的企业来讲，都可以从 SaaS 中获利，SaaS 是采取先进技术实施信息化的最好途径，以往需要以增加企业内部计算机资源来提高计算能力的方式变成了仅仅以租用的形式即可从 SaaS 服务商处获得信息系统，或者在线应用；另一方面，对于广大用户而言，各种在线应用商店里的产品琳琅满目，我们可以像逛商场一样，免费或者付费即可得到想要的各种计算机应用或者体验。

2. SaaS 作为一种软件模式

SaaS 实际上也是一种软件模式，整个软件开发也在随着云计算的发展而改变，我们可借助云计算构建 B/S 结构的应用程序，以更加快速而专注地只开发属于自己的那块内容，并加以整合形成新的服务提供给企业及个人用户。其应用专为网络交付而设计，便于用户通过互联网托管、部署及接入。SaaS 应用软件的价格通常为"全包"费用，囊括了通常的应用软件许可证费、软件维护费以及技术支持费，将其统一为每个用户的月度租用费。对于广大中小型企业来说，SaaS 是采用先进技术实施信息化的最好途径。但 SaaS 绝不仅仅适用于中小型企业，所有规模的企业都可以从 SaaS 中获利。SaaS 已成为软件产业的一个重要力量。只要 SaaS 的品质和可信度能继续得到证实，它的魅力就不会减退。

二、SaaS 的发展历史

"SaaS"的概念是先于云计算的，也就是说 SaaS 是作为单独的概念比"云计算"早七八年的时间被提出来的，是从应用服务提供商（Application Service Provider，ASP）模式演变而来的，是经济进入全球化，并随着信息技术高速发展，企业规模的扩大与信息技术的发展，在 21 世纪开始兴起的一种完全创新的软件应用模式。这个概念是由 Salesforce（创建于 1999 年 3 月的一家客户关系管理软件服务提供商）并且推出了以 SaaS 模式的按需解决方案，随着这一模式的逐渐推广从而带动了一个产业的发展。又随着 NIST 标准化组织以及大公司对云计算概念的制定，使得云计算和 SaaS 紧密结合。SaaS 作为云计算的三种服务模式的最上层，也是与大众用户、中小企业用户、开发者用户，以及政府机构最为密切的一层。一方面，我们需要消费云产品，而这个消费模式就在 SaaS 层发生；另一方面，我们也提供云产品，那么就出现了如何生产这个产品这样一种方式。

三、SaaS 的产品

可以说 SaaS 这一层服务模式的产品是与我们联系最为密切的一层，是涉及用户特别是普通大众用户最多的一层，这一点比较容易体验到。

1. Google App

Google App 里提供了太多的网络应用，可以用五花八门来形容，包括了我们日常生活及工作的方方面面，使我们有这种感觉：是不是我们仅仅通过一个浏览器就够了，而不用买光盘或者是下载安装包？在这里确实是这样。笔者这里所要说明的不是这个商店有多好，而是说这只是一种模式，对于用户来讲，我们通过浏览器就能做我们想做的事情。例如，编辑文档，可以通过任何一个终端如 iPad 或者手机来做这件事情，存储变得不是很重要，我们可以把这些内容放在云空间里，那么当我们回家的时候，就不用把手机或者优盘中的东西拷贝到计算机中了，只需登录网络账户，就能继续编辑写过的内容，而不用担心没有保存、没有拷贝的问题。当然我们会担心云服务端空间里的数据会不会被人"黑"了，我们的秘密会不会被人窃用了，会不会有因停电导致云端无法打开的情况出现？答案是会的。这样我们就会觉得，这也太不安全了。笔者认为，这首先是云服务商的问题，也就是说，这是云服务提供商在 PaaS 层以及 IaaS 层的问题，这并不是把问题抛开不管，而是从分层的思想上来说明这个问题的解决方式，是下边两层应该解决的问题，这两层有相关云计算方面的技术加以保障，如负载均衡、虚拟化、多点备份等，一个优秀的云服务提供商是有能力保证我们数据的安全的。当然还有一点，即国家相关法律法规也应该出台一定的安全标准加以规范这个市场，用来保障用户的权利，因为用户消费的这些网络商品也是商品，在商品属性上和实体商品是相同的，也是需要有相关保障和约束的。虽然这一点暂时还不好界定，但是我们相信随着云计算的不断发展，这一方面也会变得越来越成熟。

2. 苹果 iCloud

20 世纪 80 年代，传奇人物乔布斯和他的苹果公司开启了个人计算机时代，2011 年 6 月 6 日乔布斯抱病在美国旧金山举行全球开发者大会，在会上其正式发表云端服务 iCloud、iOS 5 以及 MaC OS X Lion。其中的 iCloud 平台将苹果音乐服务、系统备份、文件传输、笔记本及平板设备产品等有机地结合在一起。它可以让使用者免费存储 5GB 的资料，相较于 Google 和 Amazon 的云端音乐服务，苹果认为 iCloud 功能更强大，其最主要是有"扫描配对"（scan

and match）功能。iCloud 服务让用户可以在任何装置上存取先前从 iTunes 购买的音乐。iOS 5 的多项更新也是为整合 iCloud 而设置。在乔布斯看来，iCloud 是一个与以往云计算不同的服务平台，苹果提供的服务器不应该只是一个简单的存储介质，它还应该带给用户更多。iCloud 平台可以将个人信息存储到苹果的服务器，通过连接无线网络，再将这些信息自动推送到你手中的每个设备上，这些设备包括 iPhone、iPod Touch、iPad，甚至是 Mac 电脑。

虽然乔布斯离开了我们，但是他却给我们留下了太多的印记，带领苹果创造了太多的奇迹。让我们看看下面这段摘自《史蒂夫·乔布斯传》里的引用乔布斯对云计算介绍的两段内容：

"我们要成为管理你与'云端'之间关系的公司——从'云端'中流畅地播放你的音乐和视频，存储你的图片和信息，甚至包括你的医疗数据。苹果率先认识到你的计算机会成为一个数字中枢。因此我们编写了这些应用 iPhoto、movie、iTunes 并将它们与我们的设备整合在一起，如 iPod、iPhone 和 IPad，效果棒极了。但是在接下来的几年间，这个中枢将从你的计算机转移到'云端'。因此这是同一个数字中枢策略，但是中枢的位置变了。这意味着你总能访问你的内容而且不必再同步。"

"我们做这样的转型非常重要，正如克莱顿·克里斯坦森所说的'创新者的窘境'，即发明了某个事物的人往往是最后一个看到它过时的，而我们当然不想落在后面。我会让 MobileMe 免费，会让同步内容变得简单。我们正在北卡罗来纳州建一个服务群集。我们可以提供你所需要的所有同步，那样我们就可以锁定客户。"

引用上面这两段话的目的是想告诉大家，苹果公司的 iCloud 作为云计算的产品正在像以往很多苹果产品一样，在整个封闭式的苹果产品链中，云计算正在以"超爽"的体验改变着我们的生活方式，带给我们更多的便利。

3. Salesforce 的 CRM

Salesforce 的 CRM 是面向企业的，当然 CRM 并不是具体的一款产品，它的意思是客户关系管理（Customer Relationship Management），这类软件的发展从最初的集中式的 C/S 结构的软件，发展到目前的基于云计算的 SaaS 模式的软件，或者从某种程度上来讲，其推动了云计算的发展。Salesforce 公司（实际上 SaaS、PaaS 这两个词的由来最早是由 Salesforce 贡献的），这个客户关系管理软件租用的领导者，开辟了一种新的软件应用模式：通过互联网使用企业级应用软件。Salesforce 不满足于 CRM 市场的狭小空间，在 2005 年宣称要占领微软的办公软件既得市场,其还制订了 2006 财政年度的初步指导原则,称公司预计收入将达 2.85 亿美元,这就标志着其年增长率将高达近 70%。他们的产品是作为云服务并采取租用的形式提供给用户的,也就是说他们的软件托管于 Salesforce 公司的强大数据中心,用户只需登录即可使用,免除了软硬件购买、安装、调试过程。

据统计中国大约有 2000 万的中小企业的 CRM 租用市场,这个市场巨大,Salesforce 会做好一切准备来分享他们的发展成果。同时,我们也要看到,正是由于 Salesforce 系统庞大,带来了很多培训和定制化的工作,这种培训和定制化实施所产生的成本转嫁给最终用户,却让中国的中小企业难以接受,其 60 美元每人每月的租用费用是中国所有企业都无法接受的。Salesforce 基于平台的强大及可开发性让国内用户也有机会以低廉价格享受到 Salesforce 的服务。Salesforce 为了进入中国市场,也与国内的软件服务商达成合作伙伴关系,希望通过二次实施定制和开发,带来适合中国企业的 Salesforce 版本。机会与风险并存,从这一点上来讲,肯定会有很多的机会在里边。

4. 其他 SaaS 产品

其他公司的相关 SaaS 产品也越来越丰富,并已经渗透到了各行各业,因为这一层的产品所面向的就是大众消费者,直接和最终用户打交道,如微软的 CRM、八百客的 800App、电信的网络硬盘等。最近东软基于云平台,推出了一款类似手表的云医疗 SaaS 产品,具体就是消费者拥有了这款产品之后,就可通过填写相应的个人信息,其就将实时监测个人身体健康状况(如血压、血脂以及脉搏等),并将实时的健康状况指标信息动态地发送到云医疗服务中心,云医疗服务中心会通过动态地处理这些信息来评估个人身体健康状况,及时地通过手机等各种通信方式发送一些健康医嘱信息给消费者,不管产品质量如何,仅是从这个服务理念及其作用来讲,其应用前景就非常广阔。

第三章 大数据下的商业智能与平台架构

"人类正从 IT 时代走向 DT 时代",如今的信息社会已经进入了大数据(BigData)时代。商业智能经过 20 多年的发展,极大地推动了对企业的决策支持的力度。但面对数据量、数据种类暴增的大数据时代,传统商业智能在数据处理上面临的挑战日益增多,传统商业智能的数据处理和分析技术所提供的决策支持,已经远远不能满足企业管理者对客户和公司的信息进行全面管控的需求。而大数据应用技术实现成本低、处理数据种类多、决策支持速度快的特点弥补了这一不足。大数据时代下商业智能有了新的发展模式,新型 Hadoop 与 MPP 数据库结合的新架构为公司提供更好的决策支持,商业智能在云中部署、多平台共同发展的一体机模式充分满足不同企业的数据分析和管理需求。

本章首先介绍传统商业智能的相关理论与技术、应用领域以及面临的挑战,然后介绍大数据时代下商业智能 Hadoop+MPP 新架构、商业智能与云平台以及多平台共存的大数据一体机等新技术的应用,最后阐述大数据商业智能的优势和发展趋势。通过学习本章内容,有助于了解传统商业智能的基本理论与技术应用,掌握商业智能在大数据时代下的发展现状以及发展趋势。

第一节 传统概念下的商业智能

一、商业智能的相关概念

商业智能的前生可以追溯到 1958 年,当时 IBM 研究员汉斯·彼得·卢恩(Hans Peter Luhn)在 IBM 内刊的一篇文章中首次提出了商业智能的概念。随着决策支持系统(DSS)的出现和发展,直到 1990 年商业智能的说法才开始流行。

卡内基梅隆大学的计算机科学教授赫伯特·西蒙(Herbert Smon)曾经这样预言:"在后工业时代,也就是信息时代,人类社会的中心问题将从如何提高生产率转变为如何更好地利用信息来辅助决策。"其中提及的"信息辅助决策"的观点被认为是商业智能的理论雏形,从根本上讲解了商业智能怎样将数据、信息转化为知识,扩大人类的理性,进行辅助决策的问题。

(一)商业智能的定义

商业智能(Business Intelligence,BI),又称商业智慧或商务智能,是一套完整的解决方案,用来将企业中现有的数据进行有效的整合,快速准确地提供报表并提出决策依据,帮助企业做出明智的业务经营决策。这里的数据包括来自企业业务系统的订单、库存、交易账目、客户和供应商等,来自企业所处行业和竞争对手的数据,以及来自企业所处的其他外部环境中的各种数据。商业智能技术就是提供使企业迅速分析数据的技术和方法,包括收集、管理和分析数据,将这些数据转化为有用的信息(通常为各种报表),然后分发到企业各处。

为了将数据转化为知识,需要利用数据仓库(Data Warehouse,DW)、联机分析处理(On-Line Analytekcal Processing,OLAP)工具和数据挖掘(Data Mining)等技术。因此,从技术层面上讲,商业智能不是什么新技术,只是数据仓库、联机分析处理和数据挖掘等技术的综合运用。

(二)数据仓库的诞生

数据最早是存储在"运营式系统"中,是一个个商务流程的记录,目的是为了提高工作效率,且只能用于查询,不能进行分析。但随着时间的推移,独立的系统越来越多,数据量也越来越大,传统的利用数据的方法显然不能满足业务的需求。以至于在20世纪90年代,管理大师彼得·德鲁克(Peter Drucker)曾经感叹:迄今为止,系统产生的还仅仅是数据,而不是信息,更不是知识!

从数据到知识,这个跨越,人类用了近半个多世纪。

1983年,世界上第一个数据仓库系统诞生。相比数据库而言,数据仓库主要用于为运营系统保存和查询数据,数据仓库以数据分析、决策支持为目的来组织存储数据。数据仓库是为企业所有级别的决策制定过程提供支持的所有类型数据的战略集合,它是单个数据存储,出于分析性报告和决策支持的目的而创建,为企业提供需要业务智能来指导业务流程改进和监视时间、成本、质量控制的方法。

（三）联机分析处理

关系型数据库呈现信息的主要方式是报表，但传统的报表是一对一的查询，业务用户可能需要跨越多维度的、复杂的查询结果，这就对数据提出了新的要求——数据分析。

随着数据仓库的诞生，多维分析即联机分析处理也应运而生。联机分析处理是对数据进行多维度的分析，可以把多个数据库相连，能够帮助业务人员获得更深入的洞察。当今的数据处理大致可以分成两大类：联机事务处理（On-Line Transaction Processing，OLTP）和联机分析处理（On-Line Andytical Processing，OLAP）。联机事务处理主要用于基本的日常操作处理，而联机分析处理则主要是支持复杂的分析操作，为高级管理人员提供决策支持。

运用联机分析处理技术，用户可以随时创建自己所需要的报表。而技术人员只需要在后台预置多维度的数据立方体，用户就可以在前端从不同维度、不同粒度（粒度是指数据仓库的数据单位中保存数据的细化或综合程度的级别，细化程度越高，粒度级就越小）对数据进行分析，从而获得全面、动态、可随时加总或细分的分析结果。

OLAP的多维分析操作包括：旋转（Pivot）、切片（Slice）、切块（Dice）以及钻取（Drill-down）和上卷（Roll-up）。

（四）数据挖掘

1989年首次提出了数据挖掘的概念，数据挖掘主要分为两类，一类是发现数据背后的规律，被称为描述性分析；另外一类是对未来的预测，被称为预测性分析。数据挖掘一般是指从大量的数据中通过相关算法来搜索隐藏于其中信息的过程。数据挖掘通常与计算机科学有关，并通过统计、在线分析处理、情报检索、机器学习、专家系统（依靠过去的经验法则）和模式识别等诸多方法来实现上述目标。目前全球最流行的三大数据挖掘工具分别为SAS公司的SAS/EM（Enterprise Miner）、Oracle公司的Darwin，IBM公司的SPSS Clementine。数据挖掘赋予了技术"智能"的内涵。

二、应用领域和实施步骤

目前，商业智能已经广泛应用于通讯、保险、金融、制造等众多行业中。比如在电信业中，商业智能可以用于对客户描述和定位及需求预测等方面；在保险行业中，商业智能可以根据投保人以及投保品种等历史数据，对储备金数额、保险金标准进行合理的设定，同时进行风险分析和损益判断，提供更好的个性化保险服务；在金融行业中，商业智能可用于客户收益分析，调整市场活动，建立信贷预警机制，进行更精确的组合业务评估；在制造业中，商业智能可以在销售、营销方面采取更主动的行动，进而吸引客户，进行需求预测、及时订货、优化调度、配送和运输等过程，从而实现低库存水平、实时了解供应商和代理商的情况等。总之，只要一个企业积累了历史数据，并且需要对这些数据进行分析得到知识信息，都有商业智能的用武之地。

然而，实施商业智能系统是一项非常复杂的系统工程，整个项目涉及企业管理、运作管理、信息系统、数据仓库、数据挖掘、统计分析等众多门类的知识。因此，用户除了要选择合适的商业智能软件工具之外，还必须按照正确的实施方法才能保证项目得以成功。商业智能项目的主要实施步骤可分为以下三步。

（1）需求分析与建立数据仓库模型

需求分析是商业智能实施的第一步，在其他活动开展之前必须明确地定义该企业对商业智能的期望和需求，包括需要分析的主体，各主体可能查看的维度。通过对企业需求的分析，建立企业数据仓库的逻辑模型和物理模型，并规划好系统的应用架构，将企业各类数据按照分析主题进行组织和归类。

（2）数据抽取与建立智能分析报表

数据仓库建立后必须将数据从业务系统中抽取到数据仓库中，在抽取的过程中还必须将数据进行预处理，其中包括转换、清洗等以适应后续分析的需要。商业智能的分析报表也需要专业人员按照用户制订的格式进行开发，当然用户也可以自行开发。

（3）用户培训与系统完善

对于开发和使用分离型的商业智能系统，最终用户的使用是相当简单的，只需要点击操作就可针对特定的商业问题进行分析。任何系统都必须是不断完善的，商业智能系统更是如此。因此，在用户使用一段时间后可能会提出更多、更具体的需求，这时需要再按照上述步骤对系统进行进一步重构或完善。

三、商业智能的软件厂商

目前国内市场主要提供商业智能软件的厂商有：IBM、微软、思迈特（Smartbi）、阿普兰（Arcplan）等。

（1）IBM

IBM自从2010年收购SPSS之后，其在数据分析和数据挖掘领域也更加具有竞争力。IBM 提供了全面的商业智能解决方案，包括前端工具、在线分析处理工具、数据挖掘工具、企业数据仓库、数据仓库管理器和数据预处理工具等。结合行业用户的业务需要，IBM 还向用户提供面向政府、电力、金融、电信、石油、医疗行业的商业智能解决方案。IBM Cognos 商业智能解决方案是基于已经验证的技术平台而构建的，旨在针对最广泛的部署进行无缝升级和经济有效的扩展，能满足各类型用户的不同信息需求。Cognos 扩展了传统商业智能的功能领域，通过规划、场景建模、实时监控和预测性分析提供革命性的用户体验。该软件已将报表、分析、积分卡和仪表板汇集在一起，并支持用户在微软 Office 等桌面应用程序中分发商业智能数据，以及向移动智能终端（如 iPhone、iPad、安卓手机、BlackBerry 等）交付相关信息。

（2）微软

Microsoft 商业智能工具能帮助您分析业务流程，找出需要改进之处，并迅速根据条件的更改做出调整。Microsoft Dynamics CRM 能够提供可视化工具和报告。CRM 即客户关系管理（Customer Relationship Management），主要就是通过对客户详细资料的深入分析，来提高客户满意程度，从而提高企业竞争力的一种手段。Microsoft Dynamics CRM 主要功能有：在整个企业和供应链范围内采集信息，并在集中统一的位置进行编辑；使用直观易用的仪表板实时查看重要的绩效指标；将 CRM 功能映射到特定模型上，如精益生产和准时制库存策略；将 Microsoft Dynamics CRM 解决方案与 ERP、车间控制、存货、财务及销售订单处理等用户现有的系统进行整合；提供关于客户报价、订单以及服务查询的实时更新。

（3）思迈特

Smartbi 是国内领先的企业级商业智能应用平台，提供最全面的商业智能功能，具有仪表盘、灵活查询、电子表格、OLAP 多维分析、移动 BI 应用、Office 分析报告插件、自助分析、数据采集等功能模块，适用于领导 KPI 分析、财务分析、销售分析、市场分析、生产分析、供应链分析、风险分析、质量分析、客户细分、精准营销、业务流程等多个业务领域。

（4）阿普兰

Arcplan 是世界领先的纯第三方专业商业智能分析软件提供商。Arcplan 是分析型报表和信息编辑技术的开创者；以业界最好的前端展现和集成的分析，最突出的仪表盘驾驶舱、地图钻取分析，以面向对象的最方便简捷的"信息编辑器"著称，是全球最为专业的纯第三方 BI 软件平台。

第二节 传统商业智能面临的挑战

虽然商业智能传统的报表系统在技术上已经相当成熟，但是随着社会的不断发展，数据累积的数量不停增长，传统商业智能工具处理数据的能力越来越受到局限，进一步制约了商业智能的应用。市场现状已经表明，当前许多商业智能厂商都在寻求着大数据方向的出路。传统商业智能面临的挑战主要表现在以下五个方面。

一、数据数量太大，分析困难耗时

中国是世界上人口最多的国家，以中国移动通信为例，仅我国一个省的用户数量就相当于欧洲一个中等国家的人口数量，产生的数据量相当大。根据美国互联网数据中心（Internet Data Center，IDC）预测，2010—2020年人类产生的数据量以指数级别增长，平均两年翻一番，预计2020年数据量将达到35ZB，这意味着每过1分钟，全世界都会有1820TB的新数据产生。随着大数据时代的到来，数据量和规模越来越大，企业除了要处理内部的交易经营数据，还要面对大量的外部数据源，如互联网中人们之间的交互信息和位置信息、物联网中商品和物流信息、社交媒体信息等，其中大量的数据还是非结构化的，这大大增加了处理这些数据的难度和时间。

二、交互分析很浅，数据关联不够

商业智能的定制好的报表过于死板。例如，我们可以在一张表中列出我国不同地区、不同产品的销售份额，而在另一张表中列出不同地区、不同年龄段顾客的购买量。但是，这两张表却无法回答诸如"华东地区青年顾客购买智能手机类型产品的情况"等交叉性的问题。然而企业的业务问题经常需要从多个角度进行交互分析。

三、潜在信息不全，隐性价值很低

伴随着处理器和存储等计算技术的不断进步，数据处理的速度越来越快，在交互式的计算环境下，海量数据被实时创建，用户需要实时的信息反馈和数据分析，并将这些数据结合到企业自身高效的业务流程和敏捷的决策过程之中。商业智能的报表系统列出的往往是表面上的数据信息，但是对海量数据的背后深处潜在的信息分析不够。比如，什么类型的客户对企业价值最大，不同生产产品之间的相互关联的程度情况。越是数据深层次的信息，对于决策支持的价值越大，但也越难挖掘出来。

四、追溯历史困难，易成数据孤岛

随着互联网、移动互联网、数码设备、物联网、传感器等技术的发展，数据生产量正在高速增长。这些信息作为战略资产、市场竞争和政策管制的需求，越来越多的数据需要被长期保存。政府和企业也越来越需要对各类数据进行长期保存，以进行用户行为分析、市场研究，信息服务企业则更是需要积累越来越多的信息资源。企业的业务系统很多，不同的数据模块储存在于不同地方。时间过久的数据，往往就会被业务系统备份出去，从而导致进行宏观分析、长期历史分析难度加大。

五、总体上影响企业核心竞争力

商业智能面临的困难使得企业市场状况、管理能力、与客户沟通能力、创新能力，尤其是决策能力等事关企业核心竞争力的方方面面均不能得到有效提升。这些商业智能在企业应用过程中的瓶颈问题亟待解决，问题主要分为以下几点。

（1）提供决策响应速度慢

由数据处理能力的局限性造成的决策延时不仅使企业错过了对市场需求预测的最佳判断，也不利于及时解决企业运营过程中隐藏的一些瓶颈问题，从而对企业造成了不能有效地建立市场竞争力和组织竞争力的局面。

（2）企业信息共享困难

企业信息难以实现共享，不利于企业及时了解竞争对手和市场的重要信息，使得企业不能根据现实环境的变化而及时改变战略部署，更使得企业的创新能力受到影响，影响了企业的核心产品和知识技术等竞争力的形成。

（3）企业业务系统数据整合困难

面对中小企业无法有效使用商业智能的现状．再加上信息化过程中所浪费的企业人力、物力和财力等资源，使得它们不能从事核心业务的发展，更无法实现相关企业业务系统数据的提取和整合。

（4）操作界面可视化与人性化性能的欠缺

这些因素均导致商业智能不能在企业中得到有效的推广和应用，影响企业技术能力的提升，所有与之相关的组织能力都局限在了一定的范围内。

第三节　商业智能 Hadoop+MPP 新架构

商业智能的上钻、下钻、切片、切块等传统操作模式难于满足一些特殊企业的分析要求。如何来保证外部数据的准确性、时效性和有效性是个重大的问题。并且在多媒体、智能手机和社交网站获取的非结构化信息，传统数据仓库的性能已经无法对其进行有效处理。因此，大数据将改变商业智能的传统布局，并成为为企业提供有价值的信息数据来源的一个不可或缺的部分。大数据技术让我们能够访问、处理和使用这些宝贵的、大规模数据集，进而应对越来越复杂的数据分析和制定更好的商业决策。

大数据时代的商业智能在用户的需求下逐步从行式存储数据库转为列式存储数据库、磁盘数据库转向内存数据库，商用服务器结构也从对称多处理结构（Symmetrical Multi-Processing，SMP）转为海量并行处理结构（Massively Parallel Processing Symmetrical，MPP），数据仓库实施从延时多维变为实时抽取等新发展。

一、列式储存和内存分析

列式储存：数据以列相关的存储体系架构进行数据存储的数据库，主要适合于批量数据处理和即席查询。相对应的是行式数据库，数据以行相关的存储体系架构进行空间分配，主要适合于小批量的数据处理，常用于联机事务型数据处理。

内存分析：计算机中的数据都被存储在随机存取存储器（以下简称 RAM）中，而不是硬盘中。内存分析数据的特点：是通过使用半导体存储媒介，而不是使用物理磁盘存储，使数据读取和处理的速度更快；通过最小化或是避免机器读取和编写，使各种运营的执行延迟时间缩短；通过使用不同的和创新性的方式存储结构化与非结构化数据，使处理大容量数据效率得到提高。

随着数据量的快速增长以及技术的完善成熟，企业对数据分析的需求达到了前所未有的高度，海量数据中蕴含的商业价值等待被挖掘。分析型数据库中的一个主要技术就是列式存储，将数据以列的方式存储在数据库当中，能够对数据进行更深度的压缩，控制数据量同时减少 I/O，提升数据分析性能。在新一轮的数据分析浪潮当中，内存分析技术的崛起让列式数据库有了更广阔的发挥空间，压缩过的数据可以全部放到内存中进行分析，把数据库性能推向了极致。列式存储和内存分析在某种程度上已经成为新时代数据库的必备技术。

为应对海量数据带来的挑战，商业智能相关产品纷纷在性能方面做起了文章。内存分析和列式存储可以在商业智能大型厂商上看到被应用。比如，IBM推出 DB2 BLU 技术，加速大数据分析；Oracle 推出的内存数据库选件（In-Memory Database Option）；SAP 推出的 HANA。HANA 是其中的典型代表，其是一款基于内存、面向数据分析的内存数据库产品。在未来包括应用软件（Business Suite、HCM）、云计算以及移动等平台都将围绕 HANA 进行构建。

二、可扩展接口与 Hagoop 对接

Hadoop 是一个分布式系统架构，它可以用来应对海量数据的存储，而这样的数据量往往是以 PB 甚至 ZB 来计算的。一个著名的分布式系统的例子是万维网（WorldWideWeb），在万维网中，所有的一切看起来就好像是一个网页一样。Hadoop 的框架最核心的设计就是海量的数据存储的 HDFS（Hadoop Distributed File System），以及为海量的数据计算的 MapReduce 方法。MapReduce 遵循算法中的"分治法"，数据以 KeyValue 对来组织，用并行的方式来处理一个计算节点中分布在不同系统的数据。

同时，Hadoop 具有按位储存和处理数据的高可靠性，计算机集群间的高扩展性，动态移动数据的高效性，数据多个副本的容错，开元项目软件的低成本的特点。因此，Hadoop 得以在大数据处理应用中广泛应用。得益于 Hadooop 自身在数据提取、转换和加载方面上的天然优势，Hadoop 的分布式架构，将大数据处理引擎尽可能地接近存储。Hadoop 的 MapReduce 功能实现了将单个任务打碎，并将碎片任务（Map）发送到多个节点上，之后再以单个数据集的形式加载（Reduce）到数据仓库里。

提供传统数据库和数据仓库的主流供应商，包括甲骨文、IBM、SAP（收购了 Sybase）、微软等都在其数据库和数据仓库提供各种连接器，进而支持对 Hadoop 数据进行分析。比如，甲骨文推出了软硬一体的大数据库机，其中内置了 Oracle 数据库的连接器来与 Hadoop 进行数据通信。在 SAP 最新一代数据仓库 SybaseIQ15.4 中也同样配备了很多接口。通过这些接口可以同时访问 SybaseIQ 和 Hadoop，或者用一个标准的 SQL 来访问 Hadoop 的数据。其实，以 Hadoop 为代表的大数据相关技术也在做出一些适应性变化。比如，Hive 的出现，就是为了方便人们像使用 SQL 数据库一样，来直接调用 Hadoop 中的数据；而 NoSQL 的出现本质上也是借鉴传统 SQL 数据库来解决非结构化数据的管理问题。

三、由 SMP 转向 MPP 结构

在 SMP 这样的系统中，所有的 CPU 共享全部资源，如总线、内存和 I/O 系统等，操作系统或管理数据库的复本只有一个，这种系统有一个最大的特点就是共享所有资源。但由于每个 CPU 必须通过相同的内存总线访问相同的内存资源，因此随着 CPU 数量的增加，内存访问冲突将迅速增加，最终会造成 CPU 资源的浪费，使 CPU 性能的有效性大大降低。

MPP 是由多个 SMP 服务器通过一定的节点互联网络进行连接的完全无共享结构，各 SMP 服务器协同工作，完成相同的任务。从用户的角度来看 MPP 是一个服务器系统，每个单元内的 CPU 都有自己私有的资源，如总线、内存、硬盘等。在每个单元内都有操作系统和管理数据库的实例复本。

Hadoop 在处理如原始图片、声音等非结构化或半结构化数据时，表现出毋庸置疑的优秀计算能力，但在面对比传统关系型数据复杂得多的关联分析、强一致性、易用性等方面时，其与基于面向对象的分布式关系型数据库还存在较大的差距。此时，最有效的大数据分析系统需要结合 MPP 数据库搭配构建。MPP 关系型数据库具有以下优势。

（1）采用分布式架构

与传统数据库相比，MPP 最大的特点是采用分布式架构。传统数据库过于集中管理而造成大量数据堆积，需要大量存储数据的介质，从而导致服务器的回应下降乃至崩溃。而 MPP 是由许多松耦合处理单元组成的，每个单元内的 CPU 都有自己私有的资源，如总线、内存、硬盘等，每个单元内都有操作系统和管理数据库的实例复本。这种结构最大的特点是不共享资源。

（2）处理数据量大

传统的数据库部署不能处理 TB 级数据，也不能很好地支持高级别的数据分析，而 MPP 数据库能处理 PB 级的数据。

（3）更大的 I/O 能力

典型的数据仓库环境具有大量复杂的数据处理和综合分析需求，要求系统具有很高的 I/O 处理能力，并且存储系统需要提供足够的 I/O 带宽与之匹配。传统数据库采用集中式存储，数据库的诸多性能问题最终总能归咎于 I/O，而 MPP 采用完全无共享的并行处理架构，完全避免了集群中各节点在并行处理过程中的 CPU、I/O、内存、网络等资源的争夺，不会造成计算及存储资源瓶颈。

（4）扩展能力好

MPP 由多个节点构成，节点通过互联网络连接而成，每个节点只访问自己

的本地资源（内存、存储等），是一种完全无共享结构，其扩展能力最好，理论上其扩展无限制。不管后台服务器由多少个节点组成，开发人员所面对的都是同一个数据库系统。

（5）采用列式存储

将分布式数据处理系统中以行为单位的存储结构变为以列为单位的存储结构，进而减少磁盘访问数量，提高查询处理性能。由于相同属性值具有相同的数据类型和相近的数据特性，以属性值为单位进行压缩存储的压缩比更高，能节省更多的存储空间。

众所周知，当面对大量复杂的数据处理时，MPP 服务器架构的并行处理能力更优越，其更适合于复杂的数据综合分析与处理环境。当然，它需要借助于支持 MPP 技术的关系数据库系统来屏蔽节点之间负载平衡与调度的复杂性。另外，这种并行处理能力也与节点互联网络有很大的关系。显然，适应于数据仓库环境的 MPP 服务器，其节点互联网络的 I/O 性能应该非常突出，才能充分发挥整个系统的性能。

四、大数据下商业智能新架构

新型商业智能不是仅仅买服务器、建云平台，上个 Hadoop 这么简单。新型商业智能模式真正做到了让数据说话，体现了传统架构向大数据架构的演变过程，实现了对海量结构化数据、非结构化数据的综合分析处理，更加有效地帮助决策管理层人员快速理解数据信息。大数据的分析是重点和难点，既要满足海量数据的并行计算要求，又要满足前端应用查询的快速响应要求，因此，结合 Hadoop、MPP 关系型数据库、流计算、内存分析等多种技术组成的混搭架构来组建数据共享平台将更加适合企业的商业智能应用。

（一）数据分析处理

1. ETL 数据预处理平台

ETL，即 Extract-Transform-Load，用来描述将数据从来源端经过萃取（Extract）、转换（Transform）、加载（Load）至目的端的过程。统一数据处理平台从各外围系统中采集相关基础结构化、非结构或半结构化数据，然后进行数据的提取、转换和加载，并对整个处理流程的异常情况进行管控。

2. 流计算进行实时分析

流计算，即 Stream Computing，是针对海量数据进行实时计算的，一般要求为秒级。在流数据不断变化的运动过程中实时地进行分析，捕捉到可能对用户有用的信息，并把结果发送出去。实时计算目前的主流产品：Yahoo 的 S4，即一个通用的、分布式的、可扩展的、分区容错的、可插拔的流式系统；Twitter 的 Storm，即一个分布式的、容错的实时计算系统，可用于处理消息和更新数据库（流处理），在数据流上进行持续查询，并以流的形式返回结果到客户端（持续计算），并行化一个类似实时查询的热点查询；Facebook 的 Puma 使用 Puma 来处理实时数据。

3. Hadoop 平台和 MPP 关系型数据库结合

经过 ETL 数据预处理的平台处理的数据可以将价值密度低的结构化数据、非结构或半结构化数据用 Hadoop 平台处理，结构化数据用 MPP 关系型数据库处理。HBase 是非关系型数据库，主要依靠横向扩展，通过不断增加廉价的 PC 服务器增加计算和存储能力。并通过数据挖掘等技术进行数据加工，形成信息和知识，为外部数据访问需求提供数据访问服务，满足 BI 应用开发的需要，支撑平台的自身发展。

（二）BI 应用

1. 报表展示

报表展示是向企业展示度量信息和关键业务指标（KPI）现状的数据虚拟化工具。报表以丰富和可交互的可视化界面为数据提供更好的使用体，在一个简单屏幕上联合并整理数字、公制和绩效记分卡。它们调整适应特定角色并展示为单一视角或部门指定的度量。对于业务用户来说，最好的报表软件无非是使他们能够随心所欲地处理信息的解决方案。也就是说，使用户能够快速轻松地访问相关信息，保证用户看到的数据在整个组织内部保持一致，便于用户制定有效的决策，而不是将时间浪费在争论采取何种措施上；提供友好的人机交互界面，用户可以采用拖曳方式方便地建立查询，在查询的基础上可以创建报表，创建的报表被自动赋予完整的 OLAP 交互能力，使用者可以在每张报表中进行旋转、排序、筛选以及钻取，不需要报表创建者额外的帮助。创建并存储的报表可以被自由组合集成到仪表盘中。常用的报表工具有 IBM 公司的 Cogonos,SAP 公司的水晶报表、SAS 公司的 PORTAL 等。

2. 即席查询

即席查询是指用户根据自己的需求，可以灵活的定义查询条件，得到所需要的统计报表。即席查询是数据库应用最普遍的一种查询方法，利用数据仓库技术，可以让用户随时可以面对数据库，获取所希望的数据。使用此功能的用户都必须对关系型数据库操作有一定的了解，同时对目前的底层数据库有比较深刻的认识。它是一种条件不固定，格式灵活的查询报表。

3. 管理驾驶舱

管理驾驶舱（Management Cockpit，MC）是指企业做决策时，所需要的数据以及预警的措施，就像汽车或飞机的仪表盘，随时显示我们关键业务的数据指标以及执行情况；管理驾驶舱是一组动态的 KPI 指标，包含"平衡计分卡"模型中的各项指标，这些指标通常直接指向公司的目标和阶段性问题；管理驾驶舱是以图表的方式直观地显示各项指标，并支持"钻取式查询"，实现对指标的逐层细化、深化分析；管理驾驶舱是基于 ERP 的高层决策支持系统，通过详尽的指标体系，实时反映企业的运行状态，将采集的数据形象化、直观化、具体化。

另外还包含指标管理、多维分析、数据挖掘、预测优化、GIS 等功能，通过对分析功能和基础能力的集成，形成功能支撑单元，为应用功能层提供数据和功能支撑。各类分析应用包括基础分析应用、自主分析应用、挖掘分析应用、专题分析应用、实施分析应用等。

（三）数据质量管控

数据质量容易出现问题。例如，属性缺失、数据不完整、数据处理不及时、数据不准确、数据重复、数据属性不一致等，从而影响数据信息不可靠，导致决策出现偏差。通过运用标准化的数据质量规范，实时监控，在线考评，强化数据质量事中控制，事后评价，降低因数据问题给企业造成的损失，提升决策分析依据的准确性和实用性，进一步完善数据质量监控应用和数据运维管理机制，逐步实现企业全程数据质量的监管。

五、新架构的功能表现和优势

（一）功能表现

商业智能新架构允许用户在表格中借助强大的自助式商业智能发现、分析和呈现数据；允许在安全的托管环境中协作处理和分享报告及数据；借助可信赖的云服务缩短问题解决时间，并随时随地通过设备保持连接；快速生成分析解决方案并将其应用到企业中；从数据中发掘有价值的洞察力，不论其是结构化数据还是非结构化数据。新架构的商业智能模式的详细功能如下所示。

(1) 自助服务

新架构的商业智能提供全新的自助服务功能,并帮助用户发现、分析和直观地探究数据。通过 HTML5 和移动应用程序实现深入洞察、简化协作及随处访问。向企业用户提供全面的自助式 BI 功能,以便通过熟悉的表格环境进行报告和分析。快速操作和处理大量数据发现、建模、分析和可视化数据,从而获得业务见解。同时,通过共享平台,企业用户不仅可以共享他们的工作簿,而且还可以共享他们在表格中创建的原始数据查询,从而维护数据视图以供同事在他们自己的报告中使用,达到快速部署提供协作和共享报告环境的基于云的商业智能解决方案的目的。通过专为平板电脑提供的新 HTML5 支持和原生移动应用程序,实现对商业智能中报告的移动 BI 访问,可以从任何地方对报告进行移动访问。

(2) 仪表板和报告

新架构的商业智能提供一组完善丰富的仪表板和记分卡功能,包括高级筛选、引导式导航、交互式分析和可视化,可实现高清晰打印和基于浏览器查看的运营报告。通过仪表板设计器构建记分卡并聚合来自多个源的内容。也可以使用高级筛选、引导式导航、交互式分析和可视化进行临时探索。从单个部署平台轻松创建应用程序,聚合多源数据的仪表板,并跟踪符合业务战略的成功指标。提供集成的实时数据探索和可视化功能,以了解根本原因。通过直观的界面和各种格式加快报告创建,利用专业的报告工具满足复杂的报告需求,简化组织中的仪表板、记分卡以及报告交付和管理过程。使用具有统一体系结构的高度可用并且安全的集成平台实现横向和纵向扩展。

(3) 分析

为 BI 应用、报告、分析、仪表板和记分卡构建单一模型,可以向用户提供一致的数据视图。实施可帮助灵活设计和创建业务逻辑的强大模型,包括访问数据以完成实时分析。BI 语义模型是可以实施各种 BI 应用程序的强大且灵活的建模环境,进行基于行和列的建模。从个人和团队 BI 解决方案到完全由 IT 管理的企业 BI 解决方案的过渡模型,依靠数据仓库的性能和规模来满足苛刻的应用程序和用户要求,提供聚合数据交互式探索的全面的企业分析解决方案。

(4) 预测

使用丰富的创新算法,如库存预测和最有效的客户身份识别,发现非结构化数据中不直观的数据关系并找到趋势。通过直观且全面的预测性见解制定明智的决策,将预测功能集成到数据生命周期的每个步骤中,从而进行深入洞察。

使用过程、预测模型标记语言、算法和可视化自定义算法和可视化数据,扩展预测功能并增强数据挖掘功能以创建智能应用程序。利用其高可用性、出色性能和可扩展性等企业级功能,结合简单且熟悉的预测分析技术可提供非常高端的数据挖掘解决方案。

(二) 新型商业智能的架构优势

第一,支持明细数据的快速加载和压缩:Hive 的数据保存在 HDFS 上,因为 HDFS 是分布式文件系统,并行加载能有效利用网络和 I/O,提高载入性能。Hadoop 支持多种压缩格式。

第二,详单查询:秒级响应,千级并发,对于实时查询,HBase 能够提供较低时延的读写访问能力,并能承受高并发的访问请求,适合用于详单查询等应用。

第三,明细数据多表关联查询:MPP 数据库能较好地支持明细数据多表关联查询。Hadoop 如果用 Hive 实现明细数据多表关联,性能不是很理想;如果用 MapReduce 实现多表关联,则可以针对应用进行优化,有可能取得较好的效果,但 MapReduce 编码较麻烦,只适用于特殊情况。

第四,明细数据自定义查询:MPP 数据库和 Hadoop 均支持明细数据自定义查询,但 MPP 数据库实时性更好,Hadoop 仅支持非实时的明细数据自定义查询。

第五,数据共享、开放模型:数据总线可以提供数据共享和开放模型服务。

第六,明细数据并行计算:Hadoop 和 MPP 数据库的处理机制都是并行计算,因为并行计算能有效提高处理能力,常用于处理数据量较大的明细数据。

第七,数据的高可靠性和系统的高可用性:Hadoop 和 MPP 数据库均有较强的容错机制(包括数据容错和计算容错),通过多副本、任务失败重调等手段,保证数据的高可靠性和系统的高可用性。

第八,支持横向和纵向扩展:Hadoop 和 MPP 数据库均支持横向和纵向扩展,除了采用更强的硬件,均可以通过增加节点来提高集群的总体处理能力。

总之,在大数据时代依然需要小数据,比如做客户细分时,就要对小数据进行分类挖掘、建模,这方面在大数据时代之前商业智能已经做得非常成熟,因此可以将商业智能与大数据结合起来形成更好的互补作用。显然,过去的报表呈现和简易分析能力只是停留在"B"的阶段,要想达到"I"的阶段,就必须结合大数据来判断分析并给出真正有价值的信息和决策建议,这取决于企业能拿到多广多深的数据以及数据挖掘、分析和建模能力。把"I"做强,则向大数据迈进的脚步就会更加坚实。

第四节　商业智能与云平台

近几年，随着互联网的发展以及企业信息化进程的迅速推进，企业内部业务数据量和种类呈指数级的增长促使其对数据传输和储存的要求提高，使传统的数据处理能力显得力不从心，其自身具有的一定程度上的封闭性带来的一系列问题也凸显出来。因此企业迫切需要一个自动化的、可横向扩展的存储平台，进而催生出了一种较为经济的、新型数据管理模式云。之所以说它较为经济，是因为消费者只为自己使用的那部分资源买单，而无须支付大笔的IT和人力费用。

云平台（Cloud Platform）允许开发者或是将写好的程序放在"云"里运行，或是使用"云"里提供的服务，或二者皆是。至于人们对平台的称呼却不止一种，比如按需平台、平台即服务等。

我国云平台的发展速度也是非常惊人的。自进入互联网时代以来，我国计算机信息技术发展速度惊人，百度、阿里巴巴、腾讯、华为等一批国内IT企业迅速发展起来，都在不断加入对云的使用和研究行业中来。

一、云计算、大数据和商业智能之间的关系

云计算是云平台服务的重要技术，是指服务的交付和使用模式，指通过网络以按需、易扩展的方式获得所需的服务。这种服务可以是IT和软件、互联网相关的，也可以是任意其他的服务，它具有超大规模、虚拟化、安全可靠等特性。云计算是一个新兴的消费和交互模式，是面向IT基础的服务，用户在其中只看到服务，无须了解底层的技术或工具。云计算的海量存储、超强计算能力、虚拟化、高可靠性、通用性、高可扩展性、按需服务、低成本以及资源共享等特性，使得以云计算为基础的商业智能在线服务成为全新的商业智能部署的主流方向。

在理论方面，相关学者也对此进行了定性研究。例如，大卫·卡什（David Gash）对云计算技术应用于传统BI的利益和风险进行了研究，并提出了一个系统框架，对其应用进行了评估；希马·乌夫（Shimaa auf）对云计算技术如何克服传统BI成本高、操作复杂不灵活以及未考虑企业业务数据不一致等不足进行了研究。但云计算带给传统BI技术和实践等方面的突破是如何影响企业竞争优势方面的研究尚缺乏关注。鉴于此，本节将对传统BI的应用及其存在的问题进行分析，进而对比分析云计算视角下BI的优势，在此基础上对云

计算在 BI 中的应用及其对企业核心竞争力的影响途径做一些深层次的讨论。

在实际应用方面，尽管商业智能与云平台完美结合还面临许多问题，但随着相关研究的深入以及越来越多的企业将其业务应用置于云端，"在云中部署 BI"已经不是一个遥不可及的目标，其可行性也得到了越来越多学者和企业的认可。要实现企业商业智能应用的"云"化需要完成以下工作：利用虚拟化、数据存储和自动化等云计算关键技术整合现有硬件和软件资源；部署具有"云"模式的数据分析与商业智能平台；遵照"云"模式选择性地重构企业现有相关各类业务系统中（如 CRM、SCM 和 ERP 等）用到的数据提取、分析、展现与其他商业智能服务；将上述用户任务调度到云平台上进行计算，获得"云"模式带来的好处，等等。

大数据相当于海量数据的"数据库"，而且通观大数据领域的发展也能看出，当前的大数据处理一直在向着近似于传统数据库体验的方向发展，Hadoop 的产生使我们能够用普通机器建立稳定的处理 TB 级数据的集群，把传统昂贵的并行计算等概念变得触手可及，但是其不适合数据分析人员使用（因为 MapReduce 开发复杂）。因此，在 Google、Facebook、Twitter 等前沿的互联网公司作出了积极和巨大的贡献后，PigLatin 和 Hive（分别是 Yahoo 和 Facebook 发起的项目）的出现为我们带来了类 SQL 的操作。虽然，操作方式像 SQL 了，但是处理效率很慢，绝对和传统的数据库的处理效率有天壤之别，所以人们又在想怎样在大数据处理上不只是操作方式类 SQL，而处理速度也能"类 SQL"，Google 为我们带来了 Dremel/PowerDrill 等技术，Cloudera（Hadoop 商业化最强的公司）的 Impala 技术也浮出水面。

总的来说，从云计算、大数据到商业智能这三者的关系上看，云计算是基础，负责资源整合与优化；大数据是支撑，负责海量数据收集与统计；商业智能是外在应用表现，负责 BI 分析与辅助决策。

二、云计算的服务形式

云计算主要通过以下三种方式提供服务：PaaS，SaaS，IaaS。

具体情况如下所示。

第一，PaaS 即把开发环境作为一种服务。这是一种分布式平台服务，可以提供流畅的平台模块衔接。比如，厂商提供开发环境、服务器平台、硬件资源等服务给客户，用户在其平台基础上定制开发自己的应用程序并通过其服务器和互联网传递给其他客户。用户企业的综合管理、物流调度监控、工商信息协同等平台，都可以在此基础上进行部署。

第二，SaaS，即服务提供商将应用软件统一部署在自己的服务器上，用户根据需求通过互联网向厂商订购应用软件服务，服务提供商根据客户所定软件的数量、时间的长短等因素收费，并且通过浏览器向客户提供软件，如办公软件、服务安全软件等。

第三，IaaS，即厂商把多台服务器组成"云端"基础设施，作为计量服务提供给客户。它将计算机基础设施如网络、内存、I/O 设备、存储和计算能力整合成一个虚拟的资源池为整个业界提供所需要的存储资源和虚拟化服务器等服务。IaaS 通常通过虚拟化实现，以带有相关存储和网络连接的虚拟机形式存在，它可使不同业务团队的多个应用无缝共享通用的基础物理资源。

三、云计算在商业智能中的运用优势

云计算所提供的服务模式能弥补传统商业智能在技术方面的缺陷，提高决策支持时效性、实现业务共享服务、相对降低决策成本等优势，具体如下所示。

（1）提升决策支持时效性

目前，大部分企业并没有真正的实时分析的商业智能系统，所提供的信息还无法达到即时反馈的要求。传统商业智能在数据集成、数据分析以及战略决策的实施过程中都会产生延时，难以满足企业对信息实时性的要求。虽然数据仓库技术可以提升决策时效性，但其与云计算下的商业智能相比仍有不足的地方。云计算的 PaaS 平台所提供的分布式数据库存储技术、数据管理技术以及数据安全技术等为数据处理提供了强大的计算能力，让商务智能系统不再依赖于传统的操作系统平台，避免了封闭性，让其数据加工处理水平增强几十倍，真正具备复杂海量信息处理能力，达到智能化水准。同时，云计算下的商业智能可以随时加载分散在不同地理位置的业务数据，数据处理更加灵活自如，解决了企业决策时效性的需求。

（2）实现业务共享服务

现实的企业运行情况表明，公司之间及公司内部协调性并不理想，共享服务亟待解决。企业的发展重心应该是其核心业务，而通过不同区域和国家的非核心业务进行共享合作，可以使不同部门实现更好的协同、规模效应和成本节约。云计算的 SaaS 服务模式将软件部署在服务器端，能将各企业商业智能的特定功能进行集成，通过强有力的信息共享、数据共享、计算共享等手段实现实体共享服务中心的功能。由于云计算下商业智能的共享性，可以将分布在不

同地区的信息资源和智力资源进行整合，能够使企业通过规模经济、流程再造、管理聚焦等手段提升企业的效率，促进企业各方面竞争力的提升。

（3）相对降低决策成本

云计算的 IaaS 服务模式提供的硬件设施虚拟化以及网络宽带为传统商业智能的网络化提供了保证。通过 IaaS 企业可以得到所需的硬件设施，尤其使得中小企业既省去了购买服务器的巨大成本又可以完成小型服务器无法实现的功能。企业不用再考虑自己搭建服务器的技术和费用问题，只需要购买物美价廉的专业的云服务，使自身的系统正常工作。另外，PaaS 平台提供的并行编程开发环境能使那些缺少资金的中小企业完全可以根据自身业务的需要开发出适合自身业务需求的商业智能，这些优势使得企业在减少信息化成本的同时，能促进客户关系管理、绩效评估、产品创新、经营分析等各个业务运营方面的数据分析和决策能力。再者，云服务提供商还会提供售后维护等增值服务，这样使得企业不必再花费资金和时间来对商业智能系统进行维护，节省了时间，降低了整体的运营成本。

四、云计算在商业智能中的运用风险

BI 与云计算平台结合带来优势的同时也存在一定的风险，具体包括以下几方面。

（1）产品质量问题

目前云计算服务产品没有统一标准，而且产品的质量不能得到完全保证。同时，集群中的硬件资源可靠性不同，虚拟资源与独立资源相比更容易遭到破坏。

（2）数据安全问题

数据是企业的生命，数据的丢失和泄露对企业来说是致命的。因此利用云计算带来便利的同时，也一定要考虑到给数据带来的风险。

（3）环境的复杂化

虚拟化的本质是应用层只与虚拟层交互，隔离与真正的硬件接触。这就在造成便利的同时，也带来了风险。与硬件之间的联系被切断使得不能时刻注意到硬件设备的风险，服务器环境变得更加复杂，安全人员最终失去了获得硬件本身提供的稳定性的信息。

第五节　多平台共存的大数据一体机

大数据一体机（Big Data Appliance）是一种专为大量数据的分析处理而设计的软、硬件结合的产品，由一组集成的服务器、存储设备、操作系统、数据库管理系统以及一些为数据查询、处理、分析用途而特别预先安装及优化的软件组成，为中等至大型的数据仓库市场（通常数据量在 TB 至 PB 级别）提供解决方案。

一、大数据一体机的技术特点

从技术特点上看，大数据一体机的主要特征有以下两点。

第一，采用全分布式新型体系结构，突破大数据处理的扩展瓶颈并保障可用性。采用全分布式大数据处理架构，将硬件、软件整合在一个体系中，采用不同的数据处理架构来提供对不同行业应用的支撑。通过全分布式大数据处理架构和软硬件优化，使得平台随着客户数据的增长和业务的扩张，可通过纵向扩展硬件得到提升，也可通过横向增加节点进行线性扩展，即使在达到 4 000 个计算单元重载节点情况下，也能够实现相接近线性的扩展性和低延迟、高吞吐量的性能，同时保证业务的连续性。

第二，覆盖软硬件一体全环节，满足个性化定制需求。采用软硬件一体的创新数据处理平台，针对不同应用需求融合硬件到软件的一系列的手段实现数据采集、数据存储、数据处理、数据分析到数据呈现的全环节覆盖，为用户提供整体方案，用户可以根据各自应用特点选择不同系列的产品，实现按需定制、安装即用。

除了以上两点之外，由于大数据产品的专业性和其不同于传统的解决方案，需要提供产品的厂商提供全方位、专业化的服务，帮助用户跨过应用门槛。在整个数据处理环节对用户提供全方位、专业化的服务，帮助用户明确应用需求，选择适合的软硬件架构，提供开发方面的支持，并帮助客户把程序从原有的模式下移植到大数据处理模式下，从调优直至上线应用提供整体一条龙的服务。

二、大数据一体机的优势

（1）缩短用户系统上线时间

大数据一体机能够大幅度缩短用户系统的上线时间。例如，一位客户如果需要一个定制化的系统，从需求分析、规划、选型到实施完成一般需要 3—4

个月时间。一体机可以减少时间流程,可能只需要 10—15 天就可以部署完成,为客户快速响应市场需求、上线新的应用提供了很大的便利。

（2）最大限度提高兼容性

大数据一体机厂商在开发阶段,技术人员会对产品的每个细节进行调整,确保一体机的软硬件能够达到最佳组合状态。另外,一体机软硬件集成后,厂商可以提供完善的服务与技术支持,更容易与客户对接。

（3）便捷的维护

大数据一体机能够提供便捷的维护,以减少企业的 IT 运维需求。一般情况下,企业实际上通常只有 1—2 个人专门对 IT 进行运维,人力并不充足。如果信息系统的某一部分出现问题,可能会涉及 4—5 个厂商,中间的协调和利益平衡等将耗费企业大量的时间和精力,而且在解决问题的同时软件与硬件商可能会出现相互"踢皮球"的现象,往往问题得不到及时的解决。所以一体机很好地解决了这个难题,产品出现问题只需找一家厂商解决即可,不会出现互相推卸责任的现象。

三、大数据一体机的不足

（1）扩容问题

目前,数据已经从 TB 升级到 PB 时代,数据量不断地增加已经是不可避免的事情。假如客户要对大数据一体机扩容,那么只能增加他以前购买的特定厂商的一体机设备,一个机柜一个机柜的增加。而且,大数据一体机属于软件高度集成,这套硬件设备无法改为他用,更不能利用其他的 IT 设备。所以扩容已经成为大数据一体机不可避免问题。

（2）更容易被厂商捆绑

许多大数据一体机厂商在推出产品之后,都会对设备或软件制定一套解决方案。而这些方案虽然兼容性非常强,能够兼容其他厂商的设备,但是当客户真正地采购了一个提供商的软件或硬件设备的时候,往往会发现很难再去选择其他提供商,尤其是在软件方面,很容易被一个提供商绑定。

（3）相匹配软硬件较少

之前谈到大数据一体机是将软硬件集成的过程,将服务器、存储和网络融合在一起,需要一些特定的设备去保障其能够正常运行。但从目前来看,市场中这样的硬件设备及软件相对较少。但在一些专家的角度来看,大数据一体机是未来趋势,做存储、网络交换的厂商会非常愿意相互合作,这个缺点相信在不久将会得到解决。

四、大数据一体机的适用领域

从目前来看，大数据一体机比较适合应用在大型的 IT 环境里。原因是小型 IT 环境服务器较少，不像大型 IT 环境里有几百到上千台的服务器。大数据一体机应用在大型 IT 环境中的好处是能够简化内部的 IT 管理，更灵活地分配资源。而小型环境中架构比较简单，所以不会有将复杂架构简单化的管理需求。就市场而言，大数据一体机主要还是以行业市场为主，如金融、政府、大型互联网企业等。这些行业对大数据分析有着具体需求，而且对资金敏感度相对小一些。大数据一体机的适用领域主要有以下几个方面。

（1）互联网领域

对于大型门户网站、电子商务网站、社交网站、论坛来说，它们不仅仅要靠网站流量来赚取利润，用户的黏性更是至关重要。当面对当今海量互联网数据和复杂的网络社群关系，如何从中找到有价值的数据，为用户提供针对性产品来提高用户体验，增加黏性，这是当前互联网共同面对的一个问题。如电子商务网站、社交网站是最需要大数据一体机的，原因是用户的消费行为是他们主要的关注点。

（2）零售领域

在零售领域里，同样十分注重客户的黏性，企业常常通过电话、web、电子邮件等所有客户联络渠道进行数据分析。面对海量而多样化的数据，一体机可以帮助商家针对销售额、定价、天气等数据进行分析，实时掌握市场动态，及时选择合适的产品上架、并根据分析的数据选择商品减价的时机，为零售企业提供个性的购物体验，提高客户的黏性。

（3）城市管理领域

据了解，每天城市运作都会产生大量来自不同渠道的数据，但是常常缺乏获取有用信息的能力，致使城市管理者无法通过实时的整理分析和下达相关的指令对各相关单位进行调动和指挥。例如，城市街道交通监管摄像头，每月产生的数据量高达几百 PB，如何将产生的数据安全、高效地存储起来，对于管理部门来说是个严峻的考验。然而大数据一体机可以切合城市管理者的重点需求，进行数据智能化分析，能够及时准确地传递数据信息，为管理者提供及时、准确、全面的数据支持。

五、大数据一体机的主要提供厂商

（一）甲骨文 Exadata X3 大数据一体机

在大数据一体机领域甲骨文公司堪称鼻祖，从底层硬件到数据库再到应用软件，甲骨文公司提供了全面的产品线。在甲骨文大数据一体机家族里面 Exadata X3 拥有卓越的性能，在大数据处理方面有着超凡的速度。甲骨文 Exadata X3 大数据一体机是由数据库软件、硬件服务器和存储设备组成的软件和硬件集成式系统，也是面向数据仓库、联机交易处理和数据库云应用的架构。另外，为满足广大用户的需求，Exadata X3 可提供全机架、半机架、1/4 机架和 1/8 机架配置。

在技术方面，Exadata X3 延用 Exadata 领先技术，包括可扩展的服务器和存储、InfiniBand 网络、智能存储、PCI 闪存、智能内存高速缓存和混合列式压缩等，为所有甲骨文数据库工作负载提供了极致的可用性。这些技术也促使 Exadata X3 拥有不凡的性能表现：闪存容量提升 4 倍；响应速度提升高达 40%，实现了 100 GB/秒的数据扫描速率；功耗和冷却需求降低高达 30%。这些性能表现可为薪酬管理、供应规划、现场库存、定价、路线规划、分类账会计等工作提供支持，使并行作业速度提高 10 倍。

甲骨文 Exadata X3 与前几代 Exadata 完全兼容，而且现有系统还可用甲骨文 Exadata X3 服务器进行升级。此外，在价格方面，新的 Exadata X3 将保持和 Exadata X2 一样的价格。

（二）IBM PureData 大数据一体机

当甲骨文逐渐从广泛的数据中心转向为特定工作负载专门设计的服务器时，作为甲骨文老对手的 IBM 推出了 PureData 大数据一体机。PureData 大数据一体机作为 PureSystems 家族的第三位成员，被 IBM 定位为大数据时代的分析处理引擎，主要用于应对大数据中的结构化数据与系统现存数据。

在 PureSystem 产品家族中，Preflex System 是一款基础架构系统，它由模块化的计算节点构成，并将服务器、网络、管理模块集中在一个 10U 的机箱内，具有集成转化和智能化管理软件，可以对系统进行实时更新，并进行监控。从硬件角度来看，PureData 大数据一体机可以提供多达 384 个处理器核心与 6.2TB 内存，而且 PureData 还可以加入 19.2TB 固态存储和一个附加的 128TB 硬盘存储。在处理方面，PureData 可以在单一系统整合多种业务数据库，优化了大量处理任务。

另外，从系统安装配置方面来看，IBM PureData 能够将安装配置时间从 24 天减至 24 小时，将复杂的分析从数小时降至数分钟，并且能够实现在单个系统上管理多个数据库的卓越性能。

（三）华为 FusionCube 一体机

华为曾在云计算大会上推出 FusionCube 一体机，针对 IT 系统进行整合与简化，帮助企业聚焦主营业务。华为 FusionCube 经过不断发展，在虚拟化、大企业数据仓库等领域取得了不错的成绩。

在华为 FusionCube 一体机创新的硬件平台上，融合刀片服务器、分布式存储及网络交换机于一体，并整合智能网卡、SSD 存储卡及 InfiniBand 交换模块，集成分布式存储引擎、虚拟化平台及云管理软件，资源则可按需调配、线性扩展。

另外，华为 FusionCube 一体机采用预集成系统，并在内部处理掉这些复杂的问题，让用户完全避开它，是一个融合了计算、存储、网络、虚拟化和管理平台的系统，在给用户提供基础设施虚拟化便利的同时，仍然保持了传统数据中心的高性能和维护效率。

值得一提的是，华为 FusionCube 不仅计算和存储刀片可以灵活配置，而且其提供 12U 的空间里，可以容纳 64 个 CPU 和 12.3TB 内存的计算能力，使其更适合高计算密度和虚拟化的工作场景，而且内部整合了存储和 SSD 缓存，大幅度提升了数据库的性能。

最后，大数据一体机软件、硬件、应用的紧密整合能够带来对大数据的快速处理。但不论是产品自身的不足，还是从接受概念到实际应用上，大数据一体机还有一段路要走。当前，在大数据一体机领域里，如何深度整合各厂商之间的产品是值得企业深入探讨的问题。

第六节　大数据商业智能的优势和发展趋势

一、大数据商业智能的发展优势

阿里巴巴集团曾提到，"很多人还没搞清楚什么是 PC 互联网，移动互联来了，我们还没搞清楚移动互联的时候，大数据时代又来了"。大数据是以处理和分析海量数据，发现数据背后的知识，为企业提供决策支持为目的而诞生的。当今的数据来源总体可以归为三类，即企业内部的业务数据、公共服务机构的物联网相关数据、与互联网相关的数据（如网络日志、社交媒体等）。在这三类数据中，企业内部业务数据和部分公共服务机构数据的处理和分析基本是大数据时代之前的商业智能的主要研究对象，而如今互联网数据的处理和分析则是大数据技术的主要研究对象。其实，商业智能和大数据都要构建数据仓库、分析系统，之后进行数据挖掘，实现数据展示，运行机理和技术结构是一致的。但与商业智能不同，大数据处理的是杂乱的、非结构化的数据，大数据有自己的数据分析工具，建模要比商业智能复杂很多，数据呈现也不仅仅是通过报表方式，所以大数据的价值更复杂厚重，能力也比商业智能强大得多。因此，大数据促进了商业智能的新型 Hadoop+MPP 架构、云平台、一体机模式的发展，这些模式具有的优势有以下三点。

（一）技术实现成本低

尽管随着技术的不断进步，商业智能日益平民化，如今基于 Excel 表也能在一定程度上实现商业智能的部分功能。但是，商业智能最经典的架构依然是以搭建数据仓库（常常是专用设备）为基础，利用 ETL 工具对数据进行抽取、转化、建模，然后通过报表和驾驶舱等形式进行结果展示，整个过程的每个环节都需要大量时间和不菲的投资。因此，很长时间以来，商业智能被认为是大企业独有的。相对而言，大数据下的新模式主要用于一些互联网企业，采用通用硬件设备加上开源软件实现，成本低、量大、价值高、速度快是大数据鲜明的特点，而商业智能则表现得数据小、价值低。

（二）数据处理种类多

商业智能采集的数据大多来自 ERP、CRM 等格式化的数据，但大数据下的新模式采集的数据种类远超过它，而且大部分是非结构化的数据，这就要求对数据处理在分析、算法上做出极大的改变，已经不能依赖商业智能以往的分析工具。其中，大数据应用的数据来源包括结构化数据，如各种数据库、各种结构化文件、消息队列和应用系统数据等，其次才是非结构化数据。非结构化数据又可以进一步细分为两部分：一部分是社交媒体，如 QQ、微信、微博等产生的数据，包括用户点击的习惯、发表的评论等特点，网民之间的社交关系等；另外一部分数据，是数据量比较大的物联网数据，如机器设备以及传感器所产生的数据。结构化数据是大数据中含金量和价值密度最高的数据，而非结构化数据含金量高但价值密度低。

因此，在 Hadoop 平台出现之前，很少有人谈论大数据，因为采用传统方法处理这些价值密度低的非结构化数据，被认为是不值得的。数据应用主要是来源于结构化数据，多采用 IBM、HP 等老牌厂商的小型机或服务器设备。Hadoop 平台出现之后，提供了一种开放的、廉价的、基于普通商业硬件的平台，其核心是分布式大规模并行处理，从而为非结构化数据处理创造了条件。

（三）决策支持速度快

决策速度是大数据时代下商业智能新发展的重要特征之一。在过去，商业智能支持小时级的决策就非常了不起了，但在大数据的支持下可以支持秒级甚至完全实时。以实时竞价（Real Time Bidding，RTB）广告模式为例，即消费者希望看到和自己相关的广告，同时广告主也希望能够用最经济划算的方式覆盖所希望覆盖的目标人群。这种面向网民的广告实时推送方式需要以毫秒级的速度分析海量数据，进而实现互联网广告的精准推送。实时竞价主要需解决人的需求和广告出价的问题，前者需要解读万亿量级的数据，对每个用户实施消费行为分析；后者则需要在 50 毫秒内计算每笔竞价的投资回报率（Return On Investment，ROI），进行高速决策并显示交易结果。聚集和瞬间分析如此庞大的数据，只有通过大数据技术才能实现。

二、大数据商业智能的发展趋势

（一）无处不在的移动平台，动态信息可视化

在各类软件系统纷纷涉足移动网络的时代下，商业智能也必不会落伍，更何况如今用户对随时随地提交数据、获取分析报告的需求日益强烈。可见，移动平台应用将成为商业智能未来的爆发点。随着移动终端的骤增，以及用户对移动办公需求渴望度的提升，移动技术将会突破传统应用，给商业智能系统注入新鲜血液，对企业进行实时动态管理。

并且，越来越多的用户不再满足于传统的报表和图表展现，基于地图的数据展示正日趋流行。除了这些广泛采用的技术，一些特殊的数据展现，需要特殊的可视化技术，如数据挖掘结果的特殊展现，结合生产工艺等个性化展现，噪声数据展示等。满足各类个性化可视化的私人定制要求，将是商业智能未来的发展趋势。

（二）跨平台的不断融合，逐步演变成门户化

未来的商业智能趋势将是基于全面信息集成的服务，即一种企业跨部门运作的基础信息系统，可以联结企业各个岗位上的工作人员，可以联结企业各类信息系统和信息资源，真正实现跨平台，最后演变成门户化。在基于企业战略和流程的大前提下，商业智能可通过类似"门户"的技术对各个业务系统进行整合，使得商业智能与办公室自动化（Office Automation，OA）、客户关系

管理（Customer Relationship Management, CRM）、企业资源计划（Enterprise Resource Planning, ERP）、供应链管理（Supply Chain Management, SCM）以及其他系统之间能实现融合集成，系统之间的结构化数据能通过门户管理平台互相调用、展现，全面提供决策支持、知识挖掘、商业智能等一体化服务，实现企业数字化、知识化、虚拟化。因此，未来的商业智能系统需要将企业外部信息融合到内部商业智能之中，实现内网与外网的互联互通，从而得到更全面、更科学的决策依据。

（三）自助分析日益完善，充分体现人性化

企业的工作人员经常要求信息以一种即时、随机应变的方式来更有效地支持商业决策。因此，未来商业智能将更加强调人性化，自助分析将会依然是一种趋势，强调易用性、稳定性、开放性，强化人与人沟通、协作的便捷性，重视对众多信息来源的整合，并进一步完善拓展的管理支撑平台框架。今后的商业智能系统能让合适的角色在合适的场景、合适的时间里获取更合适的知识、数据，充分发掘和释放人的潜能，并真正让企业的数据、信息转变为一种能够指导人行为的能力。简单易用将是未来用户考核商业智能产品的一个重要指标，人性化的设计理念必然成为商业智能发展的方向。重沟通、高协助、强自动等特性将实现价值信息的自主推送，让数据信息转变成为一种能够影响员工行为的动力。

（四）云平台部署商业智能成为主流方向

随着企业处理存储数据的量级增大，很多企业都将应用和功能部署到了云上，其产生的大量数据也就存储在了云端。相比传统的存储运算，云存储和云计算有着更大的容量以及更快的处理速度。目前，云计算的重要性已经能够影响到各个商业智能厂商未来的生存线。从某种意义而言，只有产品是面向云规模架构设计并符合云运营模式的商业智能软件才能获得用户企业的青睐，在今后竞争中逐步取得成功。尽管商业智能向云迁移的过程中仍然面临许多的挑战，但随着越来越多的企业将其业务应用置于云端，在云中部署商业智能已不是一个可望而不可即的理想目标。

大数据时代的来临给商业智能模式带来了严峻的挑战，商业智能在处理数据种类、数据分析、及时决策以及企业核心竞争力等方面都很难满足企业管理人员的需求。大数据技术有自己对数据量大和非结构或半结构化数据的处理优势，也能为企业提供秒级甚至实时决策支持，恰恰弥补了商业智能的不足。

在大数据环境下，大数据有处理非结构化或半结构化数据的优势，而商业

智能有大数据没有的近 20 年不断完善的数据采集、数据处理、数据存储、数据分析、数据可视化软件等的完美的生态系统，大数据与商业智能应相互借鉴、补充，共同为企业管理人员提供服务。因此，在大数据环境下商业智能有了的新发展，如 Hadoop+MPP 架构模式，同时也促进了与内存计算、列式储存、流处理实时分析，Hadoop 非结构或半结构化数据储存分析和 MPP 结构化数据处理分析等新型技术的融合，形成更适合大数据时代的商业智能架构，从而进一步提高决策数据的高价值密度。

企业需求的不断扩张下，也出现了为满足在海量数据下商业智能的业务共享、瞬时决策、降低运营成本等目的产生的商业智能在云端中部署，以及专为大数据商业智能特别定制的一体机模式，都可以看出商业智能在大数据环境下做出的改变和努力。当然，大数据与商业智能结合体现的方面可能会更多，比如有些学者提出了 SMP+MPP+Hadoop 结构等，都是值得继续深入探讨的问题。

第四章 云存储

第一节 云存储的概念

全球网络存储工业协会（Storage Networking Industry Association，SNIA）公布了云存储（Cloud Storage）标准"CDMI 规范"。云存储原本是在云计算之后出来的概念，没有想到却在云计算之前出了标准。这也应验了比尔·盖茨曾经说过的一句话："云存储的推进速度会比云计算更快。"云存储从"出生"以来就被业界看好，连一向相对保守的 Gartner 分析师也献上赞美之词。Gartner 分析师做出了一个大胆的预测：将来会有更多的存储服务出现在互联网的"云"上，并成为一项大型的电子商务服务。

云存储这个概念一经提出，就得到了众多厂商的支持和关注。Amazon 在 2008 年推出的 EC2 云存储产品，旨在为用户提供互联网服务形式，同时提供更强的存储和计算功能。内容分发网络服务提供商 CDNetwork 和业界著名的云存储平台服务商 Nirvanix 发布了一项新的合作，并宣布结成战略伙伴关系，以提供业界目前唯一的云存储和内容传送服务集成平台。

微软推出了提供网络移动硬盘服务的 Windows Live SkyDrive 测试版。近期 EMC 也宣布加入可信基础架构项目，致力于云计算环境下关于信任和可靠度保证的全球研究协作，AM 也将云计算标准作为全球备份中心的 3 亿美元扩展方案的一部分。云存储变得越来越热，大家众说纷纭，而且各有各的说法、各有各的观点，那么到底什么是云存储？

云存储是在云计算概念上延伸和发展出来的一个新概念。云计算是分布式处理、并行处理和网格计算的发展，是通过网络将庞大的计算处理程序自动分拆成无数较小的子程序，再交由多部服务器所组成的庞大系统经计算分析之后将处理结果回传给用户。通过云计算技术，网络服务提供者可以在数秒之内处理数以千万计甚至亿计的信息，达到和"超级计算机"同样强大的网络服务。

云存储的概念与云计算类似，它是指通过集群应用、网格技术或分布式文件系统等功能，将网络中大量不同类型的存储设备通过应用软件集合起来协同工作，共同对外提供数据存储和业务访问功能的系统。

我们可以借用广域网和互联网的结构来解释云存储。参考云状的网络结构，创建一个新型的存储系统。这个存储系统由多个存储设备组成，通过集群功能、分布式文件系统或类似网格计算等功能联合起来协同工作，并通过一定的应用软件或应用接口，对用户提供一定类型的存储服务和访问服务。

当使用某一个独立的存储设备时，必须非常清楚这个存储设备是什么型号、什么接口和传输协议；必须清楚地知道存储系统中有多少块磁盘，分别是什么型号、多大容量；必须清楚存储设备和服务器之间采用什么样的连接线缆。为了保证数据安全和业务的连续性，我们还需要建立相应的数据备份系统和容灾系统。除此之外，还需对存储设备进行定期的状态监控、维护、软硬件更新和升级。如果采用云存储，那么上面所提到的一切对使用者来讲都不需要了。云存储系统中的所有设备对使用者来讲都是完全透明的，任何地方的任何一个经过授权的使用者都可以通过一根接入线缆与云存储连接，并对云存储进行数据访问。

第二节　云存储技术简介

一、云存储的结构模型

1. 存储层

存储层是云存储最基础的部分。存储设备可以是光纤通道存储设备，可以是 NAS 和 iSCSI 等 IP 存储设备，也可以是 iSCSI 或 SAS 等 DAS 存储设备。云存储中的存储设备往往数量庞大且分布于不同地域，彼此通过广域网、互联网或者光纤通道网络连接在一起。

存储设备之上是一个统一存储设备管理系统，可以实现存储设备的逻辑虚拟化管理、多链路冗余管理，以及硬件设备的状态监控和故障维护。

2. 基础管理层

基础管理层是云存储最核心的部分，也是云存储中最难以实现的部分。基础管理层通过集群、分布式文件系统和网格计算等技术实现云存储中多个存储设备之间的协同工作，使多个存储设备可以对外提供同一种服务，并提供更大、更强、更好的数据访问性能。

CDN 内容分发系统、数据加密技术保证云存储中的数据不会被未授权的用户访问，同时，通过各种数据备份和容灾技术与措施可以保证云存储中的数据不会丢失，保证云存储自身的安全和稳定。

3. 应用接口层

应用接口层是云存储最灵活多变的部分。不同的云存储运营单位可以根据实际业务类型，开发不同的应用服务接口，提供不同的应用服务。如视频监控应用平台、IPTV 和视频点播应用平台、网络硬盘引用平台、远程数据备份应用平台等。

4. 访问层

任何一个授权用户都可以通过标准的公用接口来登录云存储系统，享受云存储服务。云存储运营单位不同，云存储提供的访问类型和访问手段也不同。

第一，服务模式。最普遍的情况下，当考虑云存储的时候，就会想到它所提供的服务产品。这种模式很容易开始，其可扩展性几乎是瞬间的。根据定义，用户拥有一份异地数据的备份，然而带宽是有限的，因此要考虑恢复模型，用户必须满足网络之外的数据的需求。

第二，HW 模式。这种部署位于防火墙背后，并且它提供的吞吐量要比公共的内部网络好。购买整合的硬件存储解决方案非常方便，而且如果厂商在安装、管理上做得好的话，其往往伴随有机架和堆栈模型。但是，这样就会放弃某些摩尔定律的优势，因为会受到硬件设备的限制。

第三，SW 模式。SW 模式具有 HW 模式所具有的优势，同时还具有 HW 所没有的价格竞争优势。然而，其安装/管理程序时要谨慎关注，因为安装某些 SW 的确非常困难，或者可能需要其他条件来限制人们选择 HW，而选择 SW。

二、云存储技术的两种架构

架构方法分为两类：一种是通过服务来架构；另一种是通过软件或硬件设备来架构。

传统的系统利用紧耦合对称架构，这种架构的设计旨在解决 HPC（高性能计算、超级运算）问题，正在向外扩展成为云存储，从而满足快速增长的市场需求。下一代架构已经采用了松耦合非对称架构，集中元数据和控制操作，这种架构并不非常适合高性能 HPC，但是这种设计旨在解决云部署的大容量存储需求。

1. 紧耦合对称架构

构建紧耦合对称（TCS）系统是为了解决单一文件性能所面临的挑战，这种挑战限制了传统 NAS 系统的发展。HPC 系统所具有的优势迅速压倒了存储，因为它们需要的单一文件 I/O 操作要比单一设备的 I/O 操作多得多。业内对此的回应是创建利用 TCS 架构的产品，很多节点同时伴随着分布式锁管理（锁定文件不同部分的写操作）和缓存一致性功能。这种解决方案对于单文件吞吐量问题很有效，几个不同行业的很多 HPC 客户已经采用了这种解决方案。这种解决方案很先进，需要一定程度的技术经验才能安装和使用。

2. 松耦合非对称架构

松耦合非对称（LCA）系统采用不同的方法来向外扩展。它不是通过执行某个策略来使每个节点知道每个行动所执行的操作，而是利用一个数据路径之外的中央元数据控制服务器。集中控制提供了很多好处，允许进行新层次的扩展。

第一，存储节点将重点放在提供读写服务要求上，而不需要来自网络节点的确认信息。

第二，节点可以利用不同的商品硬件 CPU 和存储配置，而且仍然在云存储中发挥作用。

第三，用户可以通过利用硬件性能或虚拟化实例来调整云存储。

第四，消除节点之间共享大量状态的开销也可以消除用户计算机互联的需要，如光纤通道，从而进一步降低成本。

第五，异构硬件的混合和匹配使用户能够在需要的时候在当前经济规模的基础上扩大存储，同时还能提供永久的数据可用性。

第六，拥有集中元数据意味着存储节点可以旋转地进行深层次应用程序归档，而且在控制节点上，元数据通常都是可用的。

三、云存储的分类

1. 按拓扑结构分类

第一，公共云存储。像亚马逊公司的 Simple Storage Service（S3）和 Nutanix 公司提供的存储服务一样，它们可以低成本提供大量的文件存储。供应商可以保证每个客户的存储、应用都是独立的、私有的。其中以 Dropbox 为代表的个人云存储服务是公共云存储发展较为突出的代表,国内比较突出的代表有搜狐企业网盘、百度云盘、乐视云盘、移动彩云、金山快盘、坚果云、酷盘、115 网盘、华为网盘、360 云盘、新浪微盘、腾讯微云等。

公共云存储可以划出一部分用作私有云存储。一个公司可以拥有或控制基础架构以及应用的部署,私有云存储可以部署在企业数据中心或相同地点的设施上。私有云可以由公司自己的部门管理,也可以由服务供应商管理。

第二,内部云存储。这种云存储和私有云存储比较类似,唯一的不同点是它仍然位于企业防火墙内部。

第三,混合云存储。这种云存储把公共云和私有云/内部云结合在一起。主要用于按客户要求的访问,特别是需要临时配置容量的时候,从公共云上划出一部分容量,配置一种私有或内部云可以在公司面对迅速增长的负载波动或高峰时很有帮助。尽管如此,混合云存储带来了跨公共云和私有云分配应用的复杂性。

2. 按存储方式分类

按存储方式分类,我们可以把云存储分成两类:块存储(Block Storage)与文件存储(File Storage)。

第一,块存储。块存储会把单笔数据写入不同的硬盘,借以得到较大的单笔读写带宽,适合于数据库或是需要单笔数据快速读写的应用。它的优点是对单笔数据读写很快,缺点是成本较高,并且无法解决真正海量文件的储存。

适合块存储的应用有以下特点。

其一,快速更改的单一文件系统。快速更改单一文件的例子包括数据库、共用电子表单等。在这些例子中,几个人共享一个文件,文件经常被频繁的更改。为达到这样的目的,系统必须具备很大的内存、运行很快的硬盘及快照等功能,市场上有很多这样的产品可以选择。

其二,针对单一文件大量写的高性能计算。某些高性能计算有成千上万个使用端,同时读写单一文件,为了提高读写效能,这些文件被分布到很多个节点。这些节点需要紧密的协作才能保证数据的完整性,这些应用由集群软件负责处理复杂的数据传输,如石油勘探及财务数据模拟。

第二,文件存储。文件存储是基于文件级别的存储,它是把一个文件放在一个硬盘上,即使文件很大,拆分时也放在同一个硬盘上。它的缺点是对单一文件的读写会受到单一硬盘效能的限制,优点是对于一个多文件、多人使用的系统,总带宽可以随着存储节点的增加而扩展,它的架构可以无限制扩容,而且成本低廉。文件存储适合应用的场合：①文件较大，读取带宽要求较高，如网站、IPTV；②多个文件同时写入，如监控；③长时间存放的文件，如文件备份、存放或搜导。

这些应用有一些共同的特性，比如：文件的并发读取，文件及文件系统本身较大，文件使用期较长，对成本控制要求较高。

（四）存储虚拟化

存储虚拟化技术充分实现了存储资源的异构整合。每年设备的淘汰更新换代都会造成大量硬件设备的浪费，而且高昂的新设备采购成本无疑也成为用户面临的难题。

存储虚拟化作为实现云存储平台的一项基本技术，占有不可或缺的地位。目前，随着世界各地的大型数据中心的不断涌现，存储虚拟化技术的应用更是受到广大存储用户的青睐。到底存储虚拟化能为云存储平台的搭建带来怎样的效益呢？下面我们就来揭开存储虚拟化的面纱，看看它是如何打造高效可靠云存储平台的。

第一，存储虚拟化大幅度提高硬件资源的使用效率。存储虚拟化技术充分实现了存储资源的异构整合。存储虚拟化整合异构平台，充分利用原有设备，解决了数据容量增长扩充、硬件升级时面临的成本限制问题，这一优势也成为存储虚拟化技术被广大用户青睐的核心因素之一。除此之外，存储虚拟化能实现将存储资源按需分配，合理利用数据存储空间，极大地提高了各种硬件系统资源的使用效率。同时，存储虚拟化可以提供数据分层存储，将不同读写速度的存储介质分为不同级别，比如热点数据保存在存取速度快的物理设备中，这样就充分保障了硬件设备使用效率的最大化。

第二，存储虚拟化大幅度简化系统管理的复杂度。不同厂商、不同架构的存储设备给设备管理人员带来很多不便，如今云存储平台通过存储虚拟化技术使整个系统平台管理变得更集中、更简单，减轻了管理人员的工作负担。同时，服务器、存储和网络的自动化操作也减少了大量的潜在的人为错误，保障了系统的可靠性。设备的集中化和标准化不仅为客户减少不必要的麻烦，还为客户实际运行环境带来更多的价值，各种设备的配置管理、数据安全管理、业务连续性管理、容量管理、运行管理、性能管理等都可以集中化。

第三，存储虚拟化大幅度增强云存储平台的可靠性。存储虚拟化不仅提供硬件资源的集中管理，还提供各种数据保护功能，实现业务的不间断运行。在实际应用中，很多时候在更换存储基础设施时，存储设备必须离线，否则会导致业务中断。而存储虚拟化技术可以允许故障设备在线更换，保障数据读取不间断。另外，传统的数据集中管理易造成设备 I/O 负载过重，并存在单点故障的危险，而在云存储平台下，可通过存储虚拟化实现 I/O 负载均衡，提高存储效率，降低设备性能的局限性。

（五）Apache Hadoop

Apache Hadoop 是一套用于由通用硬件构建的大型集群上运行应用程序的框架。它实现了 MapReduce 编程范型，计算任务会被分割成小块（多次）运行在不同的节点上，可以满足用户在没有充分地了解"分布式"原理的情况下，来开发出分布式程序。除此之外，它还提供了一款 HDFS，能够把大块的程序逐渐分割为一些小工作单元，充分地利用集群的能力做出高速的储存或计算。

Hadoop 分布式计算平台的核心技术包括 HDFS、MapReduce、Hbase 和 Hive 四部分。

1. Hadoop 的体系架构

整个 Hadoop 的体系结构主要是通过 HDFS 来实现对分布式存储的底层支持，并通过 MapReduce 来实现对分布式并行任务处理的程序支持的。

HDFS 采用主从（Master/Slcve）结构模型，一个 HDFS 集群是由一个由主节点（NameNode）和若干个数据节点（DateNode）组成的。NameNode 作为主服务器，管理文件系统命名空间和客户端对文件的访问操作。DataNode 管理存储的数据，HDFS 支持文件形式的数据。

从内部来看，文件被分成若干个数据块，这若干个数据块存放在一组 Data Node 上。Name Node 执行文件系统的命名空间，如打开、关闭、重命名文件或目录等，也负责数据块到具体 DataNode 的映射。DataNode 负责处理文件系统客户端的文件读写，并在 NameNode 的统一调度下进行数据库的创建、删除和复制工作。NameNode 是所有 HDFS 元数据的管理者，用户数据永远不会经过 NameNode。

文件写入：

第一，Client 向 NameNode 发起文件写入请求；

第二，NameNode 根据文件大小和文件块配置情况，返回给 Client 负责管理的 DataNode 信息；

第三，Client 将文件划分为多个 Block，根据 DataNode 的地址，按顺序将 Block 写入 DataNode 块中。

文件读取：

第一，Client 向 NameNode 发起读取文件请求；

第二，NameNode 返回文件存储的 DataNode 信息；

第三，Client 读取文件信息。

HDFS 作为分布式文件系统，在数据管理方面的可借鉴点是文件块的放置。一个 Block 会有三份备份，一份在 NameNode 指定的 DateNode 上，一份放在与指定的 DataNode 不在同一台机器的 DateNode 上，还有一份在与指定的 DataNode 在同一 Rack 上的 DateNode 上。备份的目的是为了数据安全，采用这种方式是为了考虑同一 dak 失败的情况，以及不同数据拷贝带来的性能问题。

2. MapReduce 体系架构

MapReduce 框架由一个单独运行在主节点上的作业跟踪器（JobTracker）和运行在每个集群从节点上的任务跟踪器（TaskTracker）共同组成。

每个集群里只有一个 JobTracker，其作用就是连接程序和 Hadoop。用户编写完代码后，提交至集群，此时将由 JobTracker 来决定被处理的文件。在处理过程中会有不同的若干个 Task，此时的 JobTracker 的作用就是给这些 Task 分配节点，如果有 Task 运行出问题，由 JobTracker 监视出来，并且重新启动此 Task。当一个 Job 被提交时，JobTracker 接收到提交作业和配置信息之后，就会将配置信息等分发给从节点，同时调度任务并监控 TaskTracker 的执行。JobTracker 可以运行于集群中的任意一台计算机上。

TaskTracker 和 JobTracker 的关系与负责存储数据的 DataNode 和 NameNode 的组成相似，也是主从结构。JobTracker 位于主节点，统一管理数据分析的工作，而 TaskTracker 则负责管理各个从节点的各自的 Task。TaskTracker 负责执行任务，它必须运行在 DataNode 上，DataNode 既是数据存储节点，也是计算节点。

主节点负责调度构成一个作业的所有任务，这些任务分布在不同的从节点上。主节点监视它们的执行情况，并重新执行之前失败的任务。从节点仅负责由主节点指派的任务。JobTracker 将 Map 任务和 Reduce 任务分发给空闲的 TaskTracker，送些任务并行运行，并监控任务运行的情况。如果出了故障，会把任务转交绘另一个空闲的 TaskTracker 重新运行。

HDFS 和 MapReduce 是组成 Hadoop 分布式系统体系结构的核心。HDFS 在集群上实现分布式文件系统，MapReduce 在集群上实现分布式计算和任务处理。HDFS 在 MapReduce 任务处理过程中提供文件操作和存储等支持，MapReduce 在 HDFS 的基础上实现任务的分发、跟踪、执行等工作，并收集结果，二者相互作用，完成分布式集群的主要任务。

Hadoop 上的并行应用程序开发基于 MapReduce 编程框架。MapReduce 编程模型原理：利用一个输入的 key-value 对集合产生一个输出的 key-value 对集合。MapReduce 库通过 Map 和 Reduce 两个函数来实现这个框架。用户自定义的 Map 函数接受一个输入的 key-value 对，然后产生一个中间的 key-value 对集合。MapReduce 把所有具有相同的值的 Value 结合在一起，然后传递给 Reduce 函数。Reduce 函数接受 Key 和相关的 Value 结合，MapReduce 函数合并送些 Value 值，形成一个较小的 Value 集合。通常通过一个迭代器把中间的 Value 值提供给 Reduce 函数（迭代器的作用就是收集这些 Value 值），这样就可以处理无法全部放在内存中的大量 Value 值集合了。

Map 任务的中间结果在做完 Combine 和 Partition 后，以文件的形式存于本地磁盘上。中间结果文件的位置会通知主控 JobTracker，JobTracker 再通知 Reduce 任务到哪一个 DataNode 上去取中间结果。所有的 Map 任务产生的中间结果均按其 Key 值用同一个 Hash 函数划分成 R 份，R 个 Reduce 任务各自负责一段 Key 区间。每个 Reduce 需要向多个 Map 任务节点获取落在其负责的 Key 区间内的中间结果，执行 Reduce 函数，形成一个最终结果。有 R 个 Reduce 任务，就会有 R 个最终结果，很多情况下这 R 个最终结果并不需要合并成一个最终结果，因为这 R 个最终结果可以作为另一个计算任务的输入，开始另一个并行计算任务。

3. HBase 数据管理

HBase 就是 Hadoop Database，是一个开源的、面向列、适合存储海量非结构化数据或半结构化数据的，具备高可靠性、高性能、可灵活扩展伸缩的、支持实时数据读写的分布式存储系统，利用 HBase 技术可在廉价 PC Server 上搭建起大规模结构化存储集群。

4. Hive

Hive 是建立在 Hadoop 上的数据仓库基础架构。它提供了一系列的工具，用来进行数据提取、转换、加载，这是一种可以存储、查询和分析存储在 Hadoop 中的大规模数据机制。可以把 Hadoop 的结构化数据文件映射为一张 Hive 中的表，并提供类似 SQL 查询功能，除了不支持更新、索引和事务，SQL 其他功能都支持。可以将 SQL 语句转换为 MapReduce 任务进行运行，作为 SQL 到 MapReduce 的映射器。提供 Shell、JDBC/ODBC、Thrift、Web 等接口。其优点：成本低，可以通过类 SQL 语句快速实现简单的 MapReaduce 统计。作为一个数据仓库，Hive 的数据管理按照使用层次可以从元数据存储、数据存储和数据交换三个方面介绍。

(1) 元数据存储

Hive 将元数据存储在关系数据库管理系统 (Relational Database Management System, RDBMS) 中, 有三种方式可以连接到数据库: ①内嵌模式, 元数据保持在内嵌数据库的 Derby, 一般用于单元测试, 只允许一个会话连接; ②多用户模式, 在本地安装 MySQL, 把元数据放到 MySQL 内; ③远程模式, 元数据放置在远程的 MySQL 数据库。

(2) 数据存储

首先, Hive 没有专门的数据存储格式, 也没有为数据建立索引, 可以非常自由地组织 Hive 中的表, 只需要在创建表的时候告诉 Hive 数据中的列分隔符和行分隔符, 就可以解析数据了。

其次, Hive 中的所有数据都存储在 HDFS 中, Hive 中包含四种数据模型: Table、Partition、Bucket、ExternalTable。

Table: 类似于传统数据库中的 Table, 每一个 Table 在 Hive 中都有一个相应的目录来存储数据。例如, 一个表 zz, 它在 HDFS 中的路径为: /wh/zz, 其中 wh 是在 hive-site.xml 中由 $ 指定的数据仓库的目录, 所有的 Table 数据(不含 ExternalTable) 都保存在这个目录中。

Partition: 类似于传统数据库中划分列的索引。在 Hive 中, 表中的一个 Partition 对应于表下的一个目录, 所有的 Partition 数据都存储在对应的目录中。例如, zz 表中包含 Us 和 city 两个 Partition, 则对应于 Us=20170214, city=Beijing 的 HDFS 子目录为: /wh/zz/U=20170214/city=Beijing。

Bucket: 对指定列计算的 hash, 根据 hash 值切分数据, 目的是便于并行, 每一个 bucket 对应一个文件。将 user 列分至 32 个 bucket 上, 首先对 user 列的值计算 hash, 比如对应 base=0 的 HDFS 目录为: /wh/zz/Us=20170214/city=Beijing/part-00000; 对应 hash=20 的, 目录为: /wh/zz/Us=22170217/city=beijing/part-00020。

EnternalTable: 指向已存在 HDFS 中的数据, 可创建 Partition, 与 Table 在元数据组织结构上相同, 在实际存储上有较大差异。Table 创建和数据加载过程, 可以用统一语句实现, 实际数据被转移到数据仓库目录中, 之后对数据的访问将会直接在数据仓库的目录中完成。删除表时, 表中数据和元数据都会被删除。ExternalTable 只有一个过程, 因为加载数据和创建表是同时完成的。元数据是存储在 Location 后面指定的 HDFS 路径中的, 不会移动到数据仓库。

(3) 数据交换

用户接口: 包括客户端、Web 界面和数据库接口。

元数据存储：通常是存储在关系数据库中的，如 MySQL、Derby 等。

Hadoop：用 HDFS 进行存储，利用 MapReduce 进行计算。

关键点：Hive 将元数据存储在数据库中，如 MySQL、Derby 中。Hive 中的元数据包括表的名字、表的列和分区及其属性、表的属性（是否为外部表）、表数据所在的目录等。

Hive 的数据存储在 HDFS 中，大部分查询由 MapReduce 完成。

（六）云存储技术面临的问题与隐患

随着智能设备的逐渐增多，每天产生的数据越来越多，现在每两天全球产生的数据就相当于从人类有史以来到 2003 年产生的所有数据之和，这是非常恐怖的数字。这种大数据时代标志着我们进入了一个真正的数据爆发的时代。这个时代有两个特点：一是文件多，二是文件大。

大数据时代也面临一些问题：这些数据放在哪里？对于个人用户和企业用户来说都有不同的解决方案，这些数据放在这里会有什么问题和风险？文件损坏、丢失、存取不方便等让人崩溃的问题，个人和企业都会遇到。对这些问题，我们的解决方案是什么？答案就是云存储。把文件数据放在云端，接入各种各样的设备，能让我们使用起来更方便，而且更节省成本，不仅采购便宜，而且管理也便宜。

面对纷乱复杂的云存储，用户们难道真的就如此放心？答案当然是否定的。安全问题是用户最大的质疑和担心。数据如果放到云端的话，用户就丧失了对数据的绝对控制权，据统计只有 20% 的用户愿意把个人数据放在云端，其余 80% 的用户其实担心两个问题：第一个问题是数据、文件会不会丢？第二个问题是文件会不会泄露？

1. 云存储技术目前面临的主要问题

（1）宽带瓶颈

考虑到过去 20 年中，宽带提升和数据增长的差距越来越大，宽带很有可能是阻碍云存储被当作标准商业化应用普及的最大障碍。对于典型的个人消费者而言，互联网宽带从 22.2kbps 提升至 5Mbps 左右，提升幅度超过 170 倍。但是与此同时数据增长却从先前的大约每个用户平均 100MB 暴增至超过 1TB，其增幅竟然超过 1 万倍。随着这种差距的逐渐扩大，装置外存储作为主要数据存储途径的可行性越来越小。

（2）安全性和可用性

除宽带之外，其他限制性因素包括可靠性和安全性也在议事日程上不可忽视。将数据迁移至云中致使企业用户在数据安全性和可用性方面高度受制于云存储服务器供应商。让众多企业将其数据迁移至云中非常艰难。可以说安全性和可用性的担忧是阻碍企业走向云存储模式的最重要因素。

在网络上提供云存储或云计算资源的连接性缺乏控制。因此，用户以为所有传送的数据可能被截取或更改。结果，任何敏感的信息如登录ID和密码都应该被保护。这种安全问题现在作为一种云服务，一般由电子邮件和CRM主应用程序提供。

在过去，安全指的是周边安全，确保周边不允许未经授权的访问。在一个虚拟世界，通过虚拟IT服务，一个物理周边已经不复存在了。因此，企业必须假设所有传输的数据可能潜在地被截取。一个系统上没有物理控制，这些规则的执行必须依赖其他方法来限制信息的访问。加密是限制访问有意义的信息的一种重要方法。因此，当IT服务通过云交付时，加密成为安全的一个重要组成部分。云存储的问题非常有挑战性，因为数据必须以加密的形式存储和保存。如果加密密钥本身丢失或损坏，数据本身也就相应的丢失或损坏了。

（3）基础设施

基础设施性能不一定要求越高越好，而是有多种性能区以供用户选择，但基本上还是要满足较低延迟，早期的云计算平台由于忽略对后端存储投入而出现比较多的I/O延迟。另外，被存储的数据中有70%是静态的，很少甚至不会再次被访问，那么将这些数据通过自动化的ILM（信息生命周期管理）沉降到更低成本的介质上去，企业能够节省成本。为了做到这些，必须使用基于策略的块级ILM方法，卷级和文件级的自动迁移达不到设想的效果，只有颗粒度细化到数据块级，才可能做到对应用的随需相应。数据保护的重要性就更不用多说，对于存储来说，数据安全是第一位的，尤其是企业用户。

解决了以上问题，云存储也就适应了商业化信息存储库的需要。初始的备份可以在装置内完成，也可以在云存储上另作备份获得装置外的数据保护。

从功能实现上来讲，异地文件存取与文件分享同步技术早在互联网形成之初就已经得到应用，20世纪互联网刚刚进入我国时就有厂商提供过网盘服务，当时所谓的网盘并不是大家所熟知的网络虚拟磁盘，当时的网盘更像是一个SVN或FTP的客户端，而经过多年的发展以后，融入了移动互联网营销理念与新技术的"网盘"被包装成"云存储"高调地出现在大众面前。据相关统计数据，国内一线的云存储服务商每天的用户数据新增量已经以PB为单位，可见每天都有数以亿计的用户正在向自己云存储空间中上传下载各种文件，在这种环境下排除网络宽带消耗之外，我们是否应该反思一下云存储的未来隐患。

2. 云存储技术面临的隐患

（1）版权风险

有关版权问题已经大范围地出现在国内的网盘服务中，一些个人或团体会将以影视音乐为主体的文件通过云存储的客户端上传至网盘中，然后通过分享的方式在圈子内提供下载，大量的有版权的视频音乐被这种特殊盗版方式进行传播，而且这种传播方式暂时属于监管的空白，部分云存储提供商在版权单位的压力下开始限制链接分享的范围，加强文件的过滤。但是这些手段不能从根本上解决云存储中用户上传文件的盗版传播。而要建立起一整套影视文件数字指纹签名检验系统除了庞大的研发运维成本外，各个利益团体之间的技术标准统一也是短期内难以实现的，然而在问题得到解决之前，此刻这种分享还在进行中，面临侵权问题的不仅是用户，还有云存储提供商。

（2）个人隐私

有很多移动平台用户喜欢随时将自己用手机或平板电脑拍摄的照片与视频通过云存储快速上传到网盘中，这样可以非常快捷地通过 Web 或 PC 客户端在异地甚至即时取回照片，但是大家可能不太相信的是你上传的每一张照片或其他文件都有可能是云存储的服务端明文保存的。据参与过某云存储项目开发的人员介绍，从运维成本上考虑实现私钥加密不太现实，管理员可以从服务端的平台中直接查看和删除用户上传的文件，这些文件中不乏用户的机密文件或用户隐私，现阶段大型服务端都是通过建立严格的制度体系来约束管理人员的职业操守，但是人都是有弱点的，一旦人的操守被弃的时候在其权力范围内可视的内容是否还是只属于你自己呢？

（3）数据安全

第一，用户的操作安全。大多数云存储都设计了多客户端数据同步机制，一般以最后一次更新为标准，其他客户端开启时自动同步，这点与 SVN 的设计有很大差别，当一个用户在公司编辑某个文件后，回到家中再次编辑，那么当他再次回到公司时文件已是昨晚在家更新过的，这是理想状态下的。但是很多时候用户编辑一个文件后，会发现编辑有误，想取回存在公司的文件版本时，可能在没有支持版本管理的云存储中你的副本也已经被错误地更新了。同样的道理，你删除一个文件的时候，如果没有额外的备份，也许你只能到网盘回收站中去找原始文件，版本管理技术上并不存在问题，但是会加大用户的操作难度，云存储服务商只有少数的私有云提供商有限的支持，多数情况下这种覆盖是时常发生的。

第二，服务端的安全操作。云存储服务器早已成为黑客入侵的目标，因为服务器上不仅有无穷的用户数据，对此类大用户群服务的劫持更是黑客收入的重要来源，也就是说服务器的安全性直接影响着用户上传数据的安全，在服务器虚拟化技术的支撑下 V2V 迁移的可靠性相当高，多数云存储厂商都预备了安全防护方案，但不能忽视的永远是人的操作。

（4）运营停止

在当下的互联网环境下，提供公众的云存储服务，每年的资金投入在 5 亿元以上，而且对私提供的云存储盈利模式还不清晰，究竟有多少服务商可以持续永久地提供这种服务，这种服务后期是否收费，是否会因为亏损问题、盈收问题而被迫停止运营，在这种情况下已有用户的数据向何处迁移，数据安全由谁负责。IM 和 EMM 的盈利模式已经成熟，所以相关厂商可以持续免费，而云存储的投入至少是前两者之和的 1 倍，厂商之间的服务整合和公约形成，首要解决的不是技术问题，而是利益分配问题。服务商在运营一定时间可能会关停服务才是用户数据留存问题最大的隐患。

第三节 云存储的应用领域

备份、归档、分配和共享协作是云存储广泛应用的领域。随着云存储技术的进一步革新，云存储所涉及的领域也越来越广泛。

1. 备份

备份应用逐渐向消费者模式及某些企业的产销模式以外的领域扩展，进入中小型企业市场。最为普遍的应用方案是使用混合存储，将最常用的数据保存在本地磁盘，然后将它们复制到云中。

2. 归档

对于云来说，归档是一个"完美"的云存储广泛应用的领域，将旧数据从自己的设备中迁移到别人的设备中。这种数据移动是安全的，可进行端对端加密，而且许多供应商甚至都不会保存密钥，这样他们就是想看你的资料也无法看到。混合模式在这个领域的应用也很普遍。用户可以将旧资料备份到一个类似底部 NFS 或 CIFS 安装点的设备中。这个领域的产品或服务供应商包括 Nirvanix、Bycast 和 IronMountain 等。

在归档应用中，还需调整这类产品中的应用程序接口配置。例如，用户想给归档的项目挂上具体元数据标签。最好还能在开始归档之前标明保留时间和删除冗余数据。云归档的位置将取决于提供云归档服务的服务商。

3. 分配

至于分配与协作，似乎属于服务供应商提供范畴。它们一般会使用供应商如 Nirvanix、Bycast、Mezeo、Parscale 提供的云基础设施产品或者 EMCAtmos 或 Cleversafe 等厂商系统类产品。如果想使用更传统的归档产品或服务，可以考虑 Permabit 或者 Nexsan 等可调存储厂商的产品和服务。

Box.net 已经采用了一种 Facebook 类型的模式来协作，调整了备份功能以便自动将数据移动到云中，然后可以根据情况分享或传输哪些内容。Dropbox 和 SpiderOak 已经开发出功能非常强大的多平台备份和同步软件。

4. 共享协作

在共享应用上，文件状态的检查还需进一步完善。如想知道文件的实时使用情况；想知道谁在传输文件；想知道他们看了多长时间及他们在阅览文件过程中在哪些地方做了评论或提出了问题等。

5. 免费的云存储举例

从 Box 和 Dropbox 这样相对较新的公司到重量级的云巨头谷歌、苹果和微软公司，许多厂商都在利用免费云存储，作为吸引用户使用其服务的一种方式，而用户将为其需要更多的额外的容量和云服务支付费用。

第一，ADrive，可以为用户提供免费 50GB 的云存储空间。ADrive 可能不是很出名，但它提供了一个引人注目的交易。美中不足的是 ADrive 是一个广告支持平台，所以客户虽然得到了大量的存储空间，但也会收到大量的广告。ADrive 具有一些基本的功能，如共享和备份，但其业务和企业客户需要提供加密，并且可以多用户接入。

第二，Amazon 云存储，免费为亚马逊超级会员用户存储无限量的照片，费用为每年 99 美元。非 Amazon 超级会员，可以免费获得 3 个月的试用期，之后再使用需要付费。Amazon 还提供了一个"无限"的套餐，即每年支付 60 美元，可以存储任何文件或文档。Amazon 公司面向企业的云存储服务命名为简单存储服务（S3），但只有 5GB 的存储空间是免费的。

第三，AppleiCloudDrive（苹果公司 iCloud 驱动器），可以为用户提供 10GB 的免费云存储空间。用户希望增加他们的存储，可以以每月 99 美分的价格得到 20GB 的存储空间，或每月 4 美元 200GB 的存储空间，或每月 20 美元 1TB 的存储空间。iCloud 是为苹果用户提供的，但也有一个为 Windows 提供的 iCloud 的应用程序。而 Android 用户需要使用一个第三方应用程序才可以访问 iCloud 存储空间。

第四，Bitcasa，可以为用户提供 10GB 的免费云存储空间。Bitcasa 提供每月 10 美元的 1TB 存储空间，或提供每月 99 美元或每年 999 美元的 10TB 存储空间。

第五，BOX，可以为用户提供 10GB 的免费云存储空间。BOX 提供了一系列的计划，为单用户免费提供 10GB 存储空间，上传文件大小限制在 250MB 以内。该公司的其他计划是针对团队和企业的，包括更严格的安全措施。一个 "starter" 软件包每月费用为 5 美元，可以提供 100GB 的存储空间，文件大小限制在 2GB 以内；每月 15 美元的项目包括无限的存储空间，文件大小限制在 15GB 以内；可以为企业提供定制价格的计划。

第六，Copy，可以为用户提供 15GB 的免费存储空间。Cup 是博威特网络公司提供的云服务，该公司是一家专门从事安全和存储云服务的 IT 公司。每月支付 15 美元或每年支付 49 美元，用户可以获得 250GB 的存储空间。

第七，Cubby，可以为用户提供 15GB 的免费存储空间。LogMeln 公司提供的 Cubby 存储产品，用户每月支付 4 美元，可获得 100GB 的存储空间。用户还可以有许多其他选择，其中包括每月支付 100 美元获得 2TB 的存储空间。这个商业计划配备了额外的安全性和共享功能。

第八，Dropbox，可以为用户提供 2GB 的免费存储空间。Dropbox 是一个原始的、最流行的云存储产品，现在 Dropbox 只提供 2GB 的免费存储空间。每月支付 10 美元，用户可以升级到 5GB 的存储空间。Dropbox 专业版自带 1TB 的存储空间。而 Dropbox 企业版，每个用户每月支付 15 美元，Dropbox 提供无限的存储空间。

第九，DumpTruck，可以为用户提供 5GB 的免费存储空间。用户可以通过朋友的介绍获得高达 21GB 的存储空间，而超出这个限额时，每 50GB 的存储空间用户需每月支付 5 美元，或每月支付 50 美元提供 500GB 的存储空间（也有其他选择方案）。其采用的是 VPN 提供商 GoldenFrog 主机。

第十，GoogleDrive（谷歌驱动），可以为客户提供 15GB 的免费存储空间。如果用户需要超过 15GB 的存储空间，则每月支付 2 美元可获得 100GB；每月支付 10 美元的客户可获得 1TB 的存储空间。

第十一，HiDive，可以为用户提供 5GB 的免费存储空间。超出免费的 5GB 储存空间，用户每月支付 6.3 美元，可以获得 100GB 的存储空间；每月支付 12.5 美元，可以获得 500GB 的存储空间。HiDive 是由一个德国技术企业 StartoAG 开发的。

第十二，Hive，可以为用户提供无限量的自由存储空间。它在存储空间使用上是免费的、无限的，但在其他方面却有所限制。首先，其支持广告。其次，没有桌面或移动应用程序，所以用户必须通过网站直接访问 Hive。

第十三，IDrive，可以为用户提供 5GB 的免费存储空间。用户可以通过介绍朋友获得额外的存储空间，或者每年支付 44 美元获得 1TB 的存储空间。另外，它还提供一个细粒度的安全控制的业务服务。

第十四，Mega，可以为用户提供 50GB 的免费存储空间。用户大约每月支付 9 美元可以获得 4TB 的存储空间（该公司使用欧元）。另外 Mega 不会存储用户的密码，所以该公司建议客户对存储的文件进行二次备份。基本上，这意味着如果客户丢失了密码，Mega 不能帮客户进行恢复。

第十五，MicrosoftOneDrive（微软 OneDrive），可以为用户提供 15GB 的免费存储空间。微软 OneDrive（原名 SkyDrive）现在自带免费的 15GB 存储空间，用户每月支付 2 美元可获得 100GB 的存储空间；每月支付 7 美元可获得 1TB 的存储空间。微软还提供了其他服务，包括当用户备份其相片到 OneDrive 时，可以提供一个额外的 15GB 存储空间，用户可以通过邀请朋友的方式获得额外 5GB 存储空间（最多能有 2 个朋友免费为其提供 500MB 的存储空间）。

第十六，pClood，可以为用户提供 20GB 的免费存储空间。pClood 最初为客户提供 10GB 的免费存储空间，用户可以通过邀请好友获得另外的 10GB 存储空间。为了使用户可以获得更大的空间，pClood 还提供每月支付 4 美元获得 500GB，或每月支付 8 美元获得 1TB 的存储空间。pClood 公司成立于 2012 年，其总部设在瑞士。

第十七，SpiderOak，为用户提供了 2GB 的免费存储空间。SpiderOak 本身作为一个安全的云存储服务，履行其"零知识"的承诺，这意味着它可以加密客户数据，而不存储纯文本文件。其他计划包括用户每月支付 2 美元获得 30GB 的存储空间，或每月支付 12 美元（每年 129 美元）提供 2TB 的存储空间。

第十八，StreamNation，为用户提供了 20GB 的免费存储空间。StreamNation 主要是为了存储照片、视频和长篇电影。它配备了共享权限和付费账户，提供离线访问的流媒体（用户甚至可以在飞机上观看）。用户每月支付 4 美元可获得 100GB 的存储空间；每月支付 14 美元可获得 1TB 的存储空间。如果客户只支付一个月至三个月，而不是支付一年的价格，则每月增加 1 美元的费用。

第十九，Syncplicity，为用户提供了 10GB 的免费存储空间。Syncplicity 是 EMC 的企业文件同步和共享服务（EFSS），这意味着它是 BOX 的竞争对手。其本身自带 10GB 的存储空间，而其面向企业的套餐为每月支付 60 美元，可获得 300GB 的存储空间。

第五章　私有云平台搭建

首先来回忆一下私有云的定义。我们知道云计算在部署模式上可以划分为公有云、私有云以及混合云，私有云是指部署在企业自身内部的云，限于安全以及自身业务的要求，它所提供的服务不是供别人使用，而是供内部人员或者分支机构使用。换种理解方式，私有云即一种计算模型，是为了满足自身组织的使用而将企业的 IT 资源通过整合以及虚拟化等方式，构建成 IT 资源池，以云计算基础架构来满足组织内部服务要求。

笔者认为做得较好的有 VMware、Microsoft、Redhat 以及 IBM 等。以下将针对 VMware 在云计算基础设施搭建方面的内容进行讲解。

第一节　VMware 云计算产品线

1. 云计算基础架构和管理

云计算基础架构最底层为 VMware 的云计算基础设施，也就是 IaaS 层的云计算服务体系架构。这里在纵向上划分为两部分，一部分为私有云基础设施，另一部分为公有云基础设施。

产品方面有 VMware vSphere，这里是 VMware 的虚拟化平台软件，也是全球首款云计算操作系统，可以让一台物理服务器同时运行多个传统操作系统及应用软件，让传统操作系统不受物理服务器、存储与网络的硬件兼容限制，任意在集群中迁移，甚至在线转移任何硬件。VMware vSphere 提供稳定性、可靠性、可管理性、高可用性、容错性、安全性、可扩展性等 IT 服务需求，使应用软件不再受运行的传统操作系统局限。VMware vSphere 不是一个单独的产品，它由一系列产品、组件组成。

vSphere 负责集中管理虚拟化安全性，vCD（VMware cloud Director）将数据中心内的虚拟基础架构资源整合成池，并以基于目录的服务形式将它们提供给用户。我们可以这样理解，VMware vSphere 是实现虚拟化基础设施的，而 Cloud 则是实现将这些基础化设施变成服务提供出来，可以说它才是云计算 IaaS 层的核心调度。刚才讲的是用于构建私有云 IaaS 层。而 Cloud Express 以及 Cloud 数据中心则是调度公有云的相关 IaaS 产品。

2. 云计算应用平台

云计算平台对应云计算三层服务架构的 PaaS 层，提供开发平台支持。VMware vFabric 是支撑这一平台的一系列软件，我们知道对于 Java 框架的应用程序，Spring 基本上成了必用的框架，VMware 收购 Spring Source（收购价格为 4.2 亿美元）的目的也正是看到了它在整合应用程序方面的优势，也是其进一步巩固 PaaS 层的产品力度所做出的重要一步，可以推进 VMware 深入云计算业务，包括在大型数据中心开发和运行企业程序方面。

VMware vFabric Cloud Application Platform 是一个完整的解决方案：IT 需要一种快速、高效和轻量级的方法来构建应用程序，并在虚拟化和基于云的基础架构上运行它们，此解决方案正好能满足其需求。它不是一个单独的产品，而是由一系列的产品、组件组成，核心有：vFabric GemFire（弹性可扩展的基于内存的数据管理系统），vFabric SQLFire（基于内存的分布式 SQL 数据管理系统），vFabric tc Server（构建和运行 Spring 应用的 Web 服务器），vFabric RabbitMQ（消息中间件系统），vFabric Hypetic（监控应用程序基础架构）。

3. 终端应用计算

终端应用计算对应 SaaS 层的服务，VMware ThinApp 是一款应用程序虚拟化工具，它将程序相关资源如 exe、dll、ocs、注册表项等封装到单一的 EXE 文件中，程序运行时需要的资源也都从这个单 EXE 的虚拟环境中获取，从而实现操作系统的隔离。VMware View 是用户虚拟桌面，这使得用户像使用自己的计算机一样，联想公司的乐 Pad 就是通过和 VMware View 结合而完成移动办公。我们知道 Zimbra 是雅虎的开源电邮业务，后来被 VMware 收购，经过一年多的积累，VMware 在 2011 年推出了 VMware Zimbra 7，这一产品的邮件管理、任务管理以及文件共享等在用户应用端的各方面管理中非常出色。

第二节 VMware vSphere 搭建

在 VMware 官网上可以下载 esxi 5.0 的相关程序，用户可以获得为期 60 天的免费使用时间。

1. esxi 5.0 安装配置

（1）esxi 的安装方式

①交互式安装：用于不超过五台主机的小型环境部署。

②脚本式安装：不需要人工干预可以安装部署多个 esxi 主机。

③使用 vSphere Auto Deploy 进行安装：通过 Center Server 有效地置备和重新置备大量 esxi 主机。

④ esxi Image Builder CLI 自定义安装：可以使用 esxi Image Builder CLI 创建带有自定义的一组更新、补丁程序和驱动程序的 esxi 安装镜像。

（2）esxi 5.0 对服务器的硬件要求

① esxi 5.0 将仅在安装有 64 位 x86 CPU 的服务器上进行安装和运行。

② esxi 5.0 要求主机至少具有两个内核。

③ esxi 5.0 仅支持 LAHF 和 SAHF CPU 指令。

④已知的 64 位处理器：所有 AMD Opteron 处理器，以及 Intel Xeon 3000/3200、3100/3300、5100/5300、5200/5400、5500/5600、7100/7300、7200/7400 和 7500 处理器。

⑤至少 2GB 的内存空间。

这里仅列出了对服务器的硬件要求，当然还包括如存储设备、网络设备等设备要求，具体要求可以参考其他相关书籍。

（3）如何在服务器上采用交互方式安装 esxi 5.0

先从 VMware 官网上下载 esxi 5.0 的安装程序 ISO 镜像将其刻录成光盘。再将光盘放入服务器光驱中（这里我们的服务器是个裸机即没有安装操作系统）重启，配置 BIOS 将启动方式设置为 CD-ROM 启动。

为了能够通过 SSH 客户端访问 esxi 主机，需要启用 SSH。按 Esc 键进入系统定制页面，选择 troubleshooting Options，然后选走 Enable SSH 并按 Enter 键确认即可从远程访问 esxi 主机。为了能够在本地访问 esxi Shell，需要启用 esxi Shell。然后按【Alt+F1】组合键就可以访问本地的 esxi Shell，如果要退出 esxi Shell 只需按【Alt+F2】组合键即可。

2. vSphere Client 5.0 安装

（1）vSphere Client 5.0 安装对软件的要求

①确保操作系统支持 vSphere Client。

② vSphere Client 需要安装 Microsoft.Net Framework 3.5 SP1。

（2）vSphere Client 5.0 安装过程

双击安装文件（与 Center Server 一致，然后选择 Client 安装），安装语言选择中文，单击"安装"按钮之后进入下一步的操作。

单击"确定"按钮，页面是登录 vSphere Client 的主页，也就是说我们可以通过 vSphere Client 来操作 Center 的管理工作，包括主机集群配置、虚拟机管理、数据存储及数据存储集群管理、虚拟网络等都是通过这个客户端来具体操作的。

第三节　vCloud Director 搭建

上一小节完成了 VMware 的 vSphere 相关产品的安装部署过程，实现了虚拟化平台，用户通过使用 Client 登录 Center 来管理多个主机 esxi，并机管理主机中的虚拟机，包括虚拟机的迁移、克隆、备份、生成模板等。同时在这里，用户还可以实现集群以及 HA（高可用性）等虚拟化集群管理工作，相关应用实践还有很多，需要用户自己动手操作，重点是一定要理解其中的架构逻辑。

1. 理解 vCloud Director 方案

vCloud Director 服务器组由一台或多台 vCloud Director 服务器组成。这些服务器共享一个数据库，并链接到任意数量的 Center 服务器和 ESX/esxi 主机。vShield Manager 服务器可为 Center 和 vCloud Director 提供网络服务。

简单的云架构可能包含一个由多台服务器组成的 vCloud Director 服务器组。每台服务器均运行名为 vCloud Director 单元的服务集合。组中的所有服务器均共享一个数据库。组将与其管理的多个 Center Server 和 ESX/esxi 主机相连。每台 Center 服务器均与 vShield Manager 服务器相连。

2. vCloud Director 基础设施安装

这里介绍两种部署方法。一种是通过官方提供的 vCloud Director Appliance，这是一个提供预先配置好的以压缩的形式提供 vCloud Director 必须组件的一个 ova 文件。它包含了基于 cantos 5.6 的虚拟机。这个虚拟机里安装了 vCloud Director 的二进制文件并嵌入了 Oracle DataBase 11gR2 Express

Edition。

另外一种方式是手工来部署 vCloud Director 和数据库。也就是需要自己来安装配置 vCloud Director 软件和其所依赖的数据库软件。

一般来讲整个过程可以分为以下五个步骤：

建立基础设施架构；

建立虚拟数据中心并集合资源；

划分虚拟数据中心资源给组织；

开发服务产品；

安全和管理。

第一，基础设施架构的安装。构建一个私有云的基础组件的安装配置过程包括安装 vCloud Director、VCD 数据库，以及连接到 VCD 的 Center Server 实例。

安装 vCloud Director 有两种方法，一种方法是通过 vCloud Director Appliance 来安装。它实际上就是一个预先配置好了的 vCloud Director 和内嵌的 Oracle Database 11gR2 XE 的一台虚损机。另一种方法就是涉及安装 vCloud Director 和安装 Microsoft SQL Server 2008 R2 Express 数据库。

前边介绍的 esxi 的安装过程这里不再重复介绍。接下来是安装 Center Server，建立与 vCloud Director 的关联。Center Server 实例和它维护的资源将成为 vCloud Director 的使用资源的基础。这里安装 Center Server 实例的虚拟机的操作系统为 Windows 2008 R2 64 位的操作系统，安装过程在前面已有过介绍，同样安装 Client 的步骤这里也不再重复了，Client 就是一个登录管理 Center Server 的一个窗口界面。

登录 Client 创建一个数据中心 Eval Datacenter，并建立一个 cluster-01 的集群。该集群将作为资源池交由 vCloud Director 抽象管理，成为私有云提供给用户。

通过 Network 分布式交换机（VDS）vCloud Director 可以被很好地部署。这允许 vCloud Director 确保 vCloud Director 的网络被隔离开，并且可以动态地创建网络。VDS 部署由 Center Server 默认安装。如果没有安装，则可以手动进行安装 VDS。

以上就完成了可以在 center Server 中执行的配置任务。具体配置情况还需要读者根据自己的实际环境并参照相关资料进行。

第二，部署 VMware vShield Manager。VMware vShield Manager 是给 vCloud Director 和 Center 提供网络服务的。要想被 vCloud Director 在 Center Server 实例上安装一个 VMware vShield Manager，也就是说每一个与 vCloud Director 相关联的 Center Server 必须有一个唯一的 VMware vShield Manager

实例。

最快速并且最简单的部署 VMware vShield Manager 的方法是运用 VMware vShield Manager OVF 模板文件。这个文件可以从 VMware 官网上下载。

第三，安装和配置 Microsoft SQL Server 2008 R2 Express。vCloud Director 需要一个数据库来存储信息。vCloud Director 1.5 支持微软 SQL Server 和 Oracle 数据库。对于一些特殊的数据库版本的支持，请参阅 vCloud Director 的安装指南。

前边已经知道 vCloud Director Appliance 是包含一个数据库的，所以当直接用 vCloud Director Appliance 时，是不需要再安装数据库的。

3. 定义虚拟数据中心提供者

在这一小节中，开始配置 vCloud Director 的过程并且定义被组织来消费的资源。

第一，创建虚拟中心提供者。将一个 Center Server 绑定到 vCloud Director 之后，它提供的资源能够被添加到虚拟数据中心上。拥有了能将 Center Server 连接到 vCloud Director 的能力，一个虚拟数据中心提供者创建了这些资源的一个抽象层。

思考这一问题的方法之一是，虚拟数据中心提供者代表这样一个资源池，它将被 vCloud Director 的环境内不同组织划分出来。换句话说，这些资源合在一起组成了一个虚拟数据中心提供者，向消费者提供可用的资源服务。

第二，定义外部网络。外部网络是确保云中的虚拟机连接到外部环境。可以使用这个外部网络提供接入到一个公司的 Intranet 或 Internet，或者是建立一个 IPsec VPN 连接到其他的外部网络或其他组织。

第三，网络池。网络池提供了一个一致的网络集合，这个集合是为了在云环境中提供给组织来相互连接。这些网络池用于 vCloud Director 创建 NAT 路由和内部组织网络及所有的 vApp 网络。

① VLAN-backed。这种网络池能够为 vCloud Director 来注册 vSphere VLAN ID。vCloud Director 创建需要的网络，分配每个网络一个 VLAN ID。使用这种网络池，ESX 服务器必须连接到一个主干的端口，这个主干端口是提供预留的 VLAN ID。

② Network Isolation-Backed。一个跨越不同主机的孤立网络的云，是提供从其他网络流量隔离和 vApp 网络的最佳来源。这种网络池不需要 vSphere 上已经存在的端口组。

③ vSphere Port GroupBacked。此选项为 vCloud Director 的使用注册

vSphere 的端口组。不同于其他类型的网络池，通过端口组备份的网络池不需要一个 vSphere 的分布式交换机，它需要手动设定所需的端口组。

作为试验，这里选择 Network Isolation-Backed 的方式。此方式将自动创建和删除先前创建的，随着网络消费的 DCS 上的端口组，所有这些网络都是完全相互隔离的。

4. 创建组织

现在来创建消耗 vDC 提供者提供的资源的组织。这里将创建两个组织，一个是为了开发的组织，另一个是 QA（质量控制）的组织。

第一，创建一个组织。在完成创建一个供应商 vDC 的过程中，我们已经准备好来定义云内将消耗资源的组织。一个组织是一个云环境的主要组成部分，在此处，用户定义和创建 vApp 的能力。

第二，分配资源给组织。已经定义了一个组织后，可以从供应商 vDC 处分配资源，创建一个组织 vDC。这样能够允许不同的组织访问 vDC 所提供的各种资源。

使用组织 DCS 提供云管理员的能力，建立租赁和配额将要创建的工作负荷。它还提供了不同类型的分配模式以确定如何最好地分配资源。

第三，创建组织网络。vDC 组织创建完成后，可以定义由 vDC 组织创建的 vApp 可用的网络。

第四，访问组织。每一个我们创建的组织，通过该组织的门户网站都是可以访问的。通过该组织的接口用户可以在各自的组织数据中心创建并使用 vApp。

第四节 fabric 相关产品的介绍

2009 年 8 月 VMware 收购 SpringSource，形成 fabric 套件产品，将 Spring 框架工具与 fabric 平台服务组合，加快可即时扩展和具有云端移植性的新一代应用程序的交付速度。对于 Java 程序员来讲，Spring 可以说是开发相关 Web 产品的必用工具，另一方面，也可以看出 VMware 在整个云计算布局中在 PaaS 层上的考虑。

fabric 套件从计算中心基础架构、应用开发运行平台和终端客户访问三个层面，预测潜在风险和技术价值，为客户量身定制云计算解决方案。它包括 SpringSource 开发工具和 fabric 企业级应用程序服务。

对于 PaaS 开发平台来讲，VMware 的 fabric 产品基本包括了从 Web 中间件、监控、消息队列、内存分布式管理、分布式数据库等组件，看上去比较凌乱，没有形成一个统一的整体，相信在接下来的发展中 VMware 会有一个整合的过程。对于想基于 VMware 的 PaaS 产品以及 API 开发自己组建的企业来讲还是比较新的，相信不久会有更多的公司参与到这方面的研究及开发当中，为 PaaS 平台的搭建提出一个相对成熟的包装产品。

限于篇幅这里不列举整个的安装配置过程了，只说明一下 VMware vFabric tc Server 以及 VMware vFabric Hyperic 的安装部署。

1. VMware vFabric tc Server 安装

tc Server 是企业版的 tomcat，是 VMware 公司在 tomcat 的基础上进行的扩展开发，增加了许多核心功能来提高开发人员的效率、运营控制能力和部署的灵活性。这对于 Java 开发人员来讲是非常熟悉的，其安装部署也非常方便。tc Server 一般只支持 64 位的操作系统及 Java 虚拟机 6.0 以上版本。

2. VMware vFabric Hyperic 安装

Hyperic 是用于对数据中心、虚拟环境或云中的 Web 及自定义应用程序进行监控和性能管理。Hyperic 自身是开源的，VMware 有相应的 vFabric Hyperic 产品。Hyperic 分为 Server 以及 Agent，Server 为监控管理，Agent 为被监控的机器。

第六章　公有云平台的应用探究

本章主要讲解 Google 云平台、新浪云平台以及百度云平台的使用，并引导大家在公有云平台发布及管理自己的应用。

第一节　基于 Google App Engine 开发自己的应用

本节将详细介绍基于 Google App Engine 构建应用和如何管理自己的应用，以及发布自己的应用到 Google 的 peas 平台上。

一、注册一个 Google 邮箱

在注册 Google App Engine 账号之前，需要先注册一个 Google 邮箱。

注册 Google 账号的具体方法如下：

第一，打开 http：//appengine.google.com，并且登录自己注册的 Google 邮箱，有了 Google 邮箱之后再来创建 Google app Engine 账号；

第二，输入手机号码接收验证码，国家一栏可以不用选择，直接用默认的 others，中国地区用 +86 格式；

第三，开始创建 Google 应用，填与基本信息；

第四，接受 Google 服务条款说明；

第五，申请 Google 应用创建成功。

二、架设本地运行环境

架设本地运行环境需要两个软件，分别是 Python 和 Google App Engine SDK。

第一，Python 的下载与安装。

下载地址：http：//www.python.Org/ftp/python/2.5.l/python-2.5.1.msi。

安装并设置系统环境变量。默认安装到 C 盘 Python25 目录下。安装好后依次选择"我的电脑""属性""高级""环境变量"命令,把系统变量中 Path 的变量值改为 C:/Python25,单击"确定"按钮,完成系统环境变量的设置。

第二,下载安装 Google App Engine SDK(简称 GAESDK)。

三、客户端创建自己的云项目

通过下载 Google 客户端 GAE SDK 程序,可以更加容易地构建自己的云项目。

1. 创建应用

第一,运行 Google App Engine Launcher(GAEL)。

第二,选择"File""Create New Application"命令。

第三,在 Application Name 文本框中输入网站源码所在的文件夹名,在 Parent Directory 栏输入网站源码所在文件夹所在的目录(不是源码所在的目录),端口取默认值。然后单击 Create 按钮。

第四,选择需要测试的网站并单击 Run 按钮,发布本地应用。

2. 部署代码

上传前,必须修改 app.yaml 文件,最好使用文本编辑器打开 app.yaml 文件,修改第一行中 application 后面的名称,这里填上 myapplication,并保存该文件,退出。

四、访问服务

现在就可以运行 Google App Engine 应用程序了。例如,http:ZZ application-id.appspot.com,其中 application-id 指创建的 Google App Engine 应用 ID 值。

第二节 基于 Sina App Engine 开发自己的应用

目光转向国内的公有云 PaaS 平台,非常值得关注的是新浪的 SAE(Sina App Engine),相对来说其产品不管是模仿 Google,还是自己创新,笔者认为其发展势头非常迅猛,并已经有许多优秀的应用搭载在其上运行。

第六章 公有云平台的应用探究

一、Sina 云平台使用前的准备工作

第一，首先，需要具备 SAE 的账号，如果没有该账号，则可以到 SAE 官方网站申请。

第二，下载并安装 SVN 客户端，下载地址及安装方法请参考 Windows 下使用 SVN 的部署代码。

第三，完成以上工作后，接下来便可创建第一个应用了。

第四，登录 SAE，访问我的应用，单击"创建新应用"按钮。

二、通过客户端 SVN 发布自己的云项目

以下操作将在个人的本地计算机上进行（请确保 SVN 已经安装好）。

首先，进入本地工作目录，如 D：\SAE，右击，在弹出的快捷菜单中选择"SVN Checkout..."命令；

其次，在弹出的页面中填写要下载代码的路径即可，如 https：//svn.sinaapp.com/myhello（其中 myhello 是刚创建的应用名称）；

最后，单击 OK 按钮开始同步，如果是第一次使用，则会弹出 Authentication 窗口进行身份验证，username：注册 SAE 时填写的安全邮箱账号（并非微博账号），password：注册 SAE 时填写的安全密码（并非微博密码）。

另外，如果不希望每次使用身份验证，可以勾选 Save authentication 复选框。

身份验证成功后会将应用同步到本地工作目录中，创建以应用命名的文件夹。

三、通过浏览器发布自己的云项目

接下来在新浪的 SAE 平台上构建自己的应用，这里是直接通过浏览器方式来构建，而不是通过插件方式。

1. 创建应用

进入后台，单击右上角"我的应用"按钮，就可以创建新的应用了。

2. 部署代码

首先单击刚创建的应用名称，进入应用管理界面。再单击左侧菜单中的"代码管理"，打开代码管理界面。然后单击右侧的"通过这里创建一个新版本"，会弹出一个提示窗口，提示需要输入版本号，填写一个版本数字。

四、Windows SDK 的使用

SAE 同时也提供了基于 Windows 版的 SDK，用户可基于 SDK 构建本地应用，然后上传到云平台再进行发布。

1. 下载 Windows 版 SDK

首先开发者需要到 SAE 官方网站（http://sae.sina.com.cn）下载 Windows 版的 SDK，将 SDK 解压到本地文件夹。

2. SDK 功能详细介绍

登录 SDK 界面需要输入安全邮箱、安全密码，由于版本升级，目前 SDK 登录界面有两个版本，此处版本中的 E-mail 即安全邮箱，password 即安全密码，输入正确的信息即可登录。

第三节　基于百度云开发自己的应用

随着公有云 PaaS 平台的发展，百度也逐渐加入了提供公有云开发平台的队伍中来，虽然其仍处于一个发展阶段，不过随着百度投入力度的加大，相信其会做得越来越好。

一、创建应用

首先，进入百度云后，选择"我的应用"后在右侧单击创建应用。

其次，填写域名和应用的名称，并且选择应用的类型，这里选择 php 类型。

最后，创建完成后就可以提交代码，目前百度云平台只能通过 SVN 的方式进行代码上传。

二、代码上传

目前，无论是 Windows 平台、Linux 平台还是 Mac 平台都有成熟的 SVN 客户端工具，具体如下所示。

① Windows 下 TortoiseSVN：http://tortoisesvn.net/downloads.html

② Linux 下 RabbitVCS：http://rabbitvcs.org/。

③ Mac 下 SVNX：http://code.google.com/p/svnx/downloads/list。

三、代码管理

在本地目录中，可以对代码进行增加文件或目录、删除文件或目录、修改文件内容和重命名文件和目录等工作。

公有云为我们提供了这样一种开发资源，使我们可以通过公有云获取相关服务，构建 Web 应用系统，可以直接将应用程序部署在公有云平台上。那么对于某些基于 Web 开发应用系统的企业特别是中小型企业以及自由开发者来讲，公有云为其带来了非常巨大的价值机会，使以前只能通过自己开发应用，自己来运营维护的过程变得非常简单，用户可租用该平台的计算资源，并使用公有云提供的各种应用开发和支撑软件平台开发和部署自己的应用软件，有了公有云，便可省去很大一笔专业服务的开发成本、运营成本，以及维护成本。本章探讨了公有云的实践开发，分别通过 Google App Engine、Sina App Engine 以及 Baidu App Engine 和读者探讨基于这三种云开发平台的开发应用系统的过程，详细介绍了注册使用和相关插件的使用，并对服务接口进行了介绍，为打算基于公有云开发应用系统的用户提供了一个入门基础。

因为本章所讲的内容都是关于公有云 PaaS 的相关产品介绍，所以请大家一定不要误解为公有云都是 PaaS 开发，对于 IaaS 的产品如亚马逊的弹性云产品，也是可以提供公有云服务的，比如 Amazon EC2 提供了一种 IaaS 类型的云计算服务平台，在该平台上用户可部署自己的系统软件，以完成应用软件的开发和发布。

第七章　大数据应用探析

传统商务模式向电子商务的转化，不仅改变了客户的消费模式，为客户带来便利，更为重要的是这种转变促使商家拥有了海量丰富的商业数据和客户资料。随着商业信息和商业数据的急剧增加，如何有效地分析和利用这些信息，找出其中的内在联系，为经营活动服务成为电子商务经营者共同关注的问题。在互联网时代，数据成为电子商务模式创新的核心。大数据作为"互联网+"发展产生的大数据技术集成，可以实现各类数据的汇聚、挖掘和交融，为电子商务的发展带来新的机遇。同时，数据平台化建设成为新型电商竞争的重要条件。比如，京东耗资40亿投建两大云计算数据中心，阿里巴巴也将云计算作为集团最重要的业务。如今，数据资源已经成为电子商务的核心资源和新的发展趋势。

第一节　大数据与电子商务

所谓电子商务，通常是指在全球各地广泛的商业贸易活动中，在开放的网络环境下，买卖双方不谋面地进行各种商贸活动，实现消费者的网上购物、商户之间的网上交易和在线电子支付以及各种商务活动、交易活动、金融活动和相关的综合服务活动的一种新型的商业运营模式。其实质就是以互联网为平台进行的一种贸易活动。

在全球经济保持平稳增长和互联网宽带技术迅速普及的背景下，世界主要国家和地区的电子商务市场保持了高速增长态势。纵览全球电子商务市场，各个地区发展情况并不平衡，以美国为首的发达国家，仍然是世界电子商务的主力军，而中国等发展中国家电子商务异军突起，正成为国际电子商务市场的重要力量，市场潜力巨大；从平均每个用户的网络购买支出来看，美国高居榜首，是中国的50多倍；从用户规模增长预期来看，中国和印度的网络购物用户规模潜力惊人；从交易额方面来看，2017年世界网络零售交易额达到1.09万亿美元，比2016年增长了21.1%。2018年全球电子商务交易额远超1万亿美元，电子商务为世界各国国内生产总值增长所做的贡献越来越大。其中以欧洲为例，欧洲8.2亿居民中有5.3亿互联网用户，2.59亿在线购物用户。电子商务为欧洲贡献了大约5%的GDP，欧盟已经决定在2019年之前将这一数字增加一倍。

一、电子商务应用大数据的新机遇

近年来，我国电子商务继续保持快速发展的势头，市场规模不断扩大，网上消费群体增长迅速。在新技术和模式创新驱动下，电子商务通过各种渠道广泛渗透到国民经济的各个领域，已成为我国重要的社会经济形式和流通方式，在国民经济和社会发展中发挥了日益重要的作用。

电子商务的迅猛发展带来的是数据量的激增。据统计，淘宝网每日新增的交易数据达10 TB；eBay分析平台日处理数据量高达100 PB，超过了美国纳斯达克交易所全天的数据处理量；亚马逊每秒钟处理72.9笔订单。由此可见，电子商务网站的数据正是典型的大数据。可以说，电子商务在经历了"基于用户的时代"和"基于销量的时代"之后，已经进入了一个全新的"基于数据的时代"。但是，海量的数据信息不仅会使用户手足无措，也会给电子商务的继续发展带来不小的阻碍，如果能对海量的用户行为数据进行快速分析，分析出用户阶段性的需求，将极大地提高商家的销售额。大数据应运而生，通过后台的数据分析与挖掘，大数据为电子商务创造了巨大商机。

未来对大数据挖掘分析技术的需求也将逐步增大。随着人民生活水平不断提高，来自互联网和移动智能设备的数据信息还会进一步增多，亟须对信息进一步挖掘、处理、分析和利用，这将进一步刺激和扩大了电子商务企业对大数据挖掘处理分析的需求。电子商务企业在开发利用大数据的市场上拥有着巨大的发展前景。阿里巴巴推出阿里云，亚马逊构建云服务，总之优秀的电子商务企业都纷纷开始推出云计算和大数据应用平台，将其运用到整个电子商务交易的全流程，从技术架构到供应链，从引流到面向用户的销售。这对行业的数据利用来说是机遇也是挑战。

（一）政策环境的大力支持

世界各国纷纷聚焦大数据，将其作为未来的一项发展战略。美国政府宣布投资2亿美元拉动大数据相关产业的发展，将"大数据战略"上升为国家战略，将大数据定义为"未来的新石油"，把对数据的占有和控制视为陆权、海权、空权之外的另一种国家核心资产;日本总务省发布行动计划,明确提出"通过大数据和开放数据开创新市场";法国政府发布了其《数字化路线图》,列出了将会大力支持的5项战略性高新技术,"大数据"就是其中一项;澳大利亚政府信息管理办公室(AGIMO)成立了跨部门工作组——"大数据工作组",发布了《公共服务大数据战略》,旨在推动公共部门利用大数据分析进行服务改革,制定更好的公共政策,保护公民隐私;英国发布了《把握数据带来的机遇:英国数据能力战略》,旨在促进英国在数据挖掘和价值萃取中的世界领先地位,为英国公民、企业、学术机构和公共部门在信息经济条件下创造更多收益。联合国也早在2012年发布的大数据政务白皮书中提出,大数据对于联合国和各国政府来说是一个历史性的机遇。

良好的政策环境促进了大数据在各行各业广泛而深入的应用,"大数据+"成为各行业创新发展的风向标,首先试水的便是掌握最大数据资源的互联网行业和电子商务企业。

顺应时代发展,我国也将大数据产业看作为战略性产业,成立了"大数据专家咨询委员会"。

国家发改委、科技部、工信部等部门在科技和产业化方面支持了一批大数据相关项目,推进技术研发取得积极效果。2014年的《政府工作报告》明确提出,设立新兴产业创业创新平台,在大数据等方面赶超先进,引领未来产业发展。

各地方政府在政策层面更是给予大数据产业高度重视。很多地方政府已启动大数据产业推动计划,并取得初步成效,积累了有益经验。比如广东已专门成立了省大数据管理局,专门负责推进政府部门的信息采集、整理、共享和应用,消除信息孤岛,在体制创新上开创国内先河;天津拟打造国家数据聚集区,将建设1个占地2.5万平方米的大数据产业基地和3个产业园区,与北京、河北联合建"京津冀大数据走廊";重庆计划将大数据培育成重要战略性新兴产业,加快建设两江云计算产业园100万台服务器运算能力的数据中心集群,并在其发布的政策配套文件中强调,到2018年形成500亿元大数据产业规模,建成国内重要的大数据产业基地;陕西、湖北等地提出建设大数据产业基地的计划;北京市政府已经制定了全市大数据发展战略规划,并强调要创造数据资产的社会价值和商业价值。上海、重庆、广东等地政府已启动大数据战略。而且上海市已在地理位置、道路交通、公共服务、经济统计、资格资质、行政管理等领域开发了数据产品和应用,并计划3年内选取医疗卫生、食品安全、终身教育、智慧交通、公共安全、科技服务6个有基础的领域,建设大数据公共服务平台。

国内大数据发展环境的不断完善,无疑也为大数据与电子商务的进一步融合发展提供了机遇。在国家及地方政策层面的大力推动之下，有关大数据的发展应用已逐步进入实际操作阶段。大数据专家咨询委员会强调，未来大数据将首先在互联网和电子商务方面得到很好的应用，并且其发展势头将会十分强劲。互联网企业方面，国内百度、阿里、腾讯三大互联网公司的大数据处理集群达到5 000台左右，数据存储规模达到200—1 000 PB，规模达到世界先进水平。目前，三大互联网公司正在打通内部数据系统，构建统一的企业数据仓库，积极应用大数据改善既有服务，并利用大数据资源和技术开展互联网金融等跨界融合业务。

电子商务企业方面，亚马逊获得"预期递送（anticipatory shipping）"新专利，使该公司甚至能在客户点击"购买"之前就开始递送商品，亚马逊此项专利借助于大量用户数据的分析。阿里巴巴推出的C2B电子商务模式也是借助于对大量用户定制信息的处理分析。

以"宝宝树"为例，作为国内最大的母婴电商，"宝宝树"通过一款数据可视化分析软件永洪BI，实现了对海量数据的快速分析，对不同需求的快速响应，进而生成复杂的数据报表。宝宝树在永洪BI平台上，通过拖拉拽操作，生成关联不同指标的分析模型，包括环比、同比、用户快照分析、沉睡率、唤醒率、平均回购周期等。有了这些关键数据后，宝宝树的业务团队再来做更进一步的分析，包括新增用户数量、新产品营业收入、各渠道引流占比、用户回购情况以及平均回购周期等。基于对这些问题的全面回答，制定和调整产品和销售战略。正是对大数据的应用使得宝宝树发现了空气净化器的商机，现在空气净化器市场基本被母婴电商垄断。

（二）相关技术的不断突破

大数据分析、挖掘技术在电子商务领域的广泛应用与推广离不开相关技术的创新与发展。技术的发展作为更有力的支撑手段，近年来云计算技术、便携式智能设备技术、物联网技术等的创新都为大数据时代的到来提供了保障。云计算在电子商务领域的快速渗透，作为信息基础设施的基础作用开始凸显。阿里巴巴、京东、苏宁等服务商将云计算作为战略方向，微软、IBM、亚马逊先后进入中国市场提供云计算服务，极大地促进了我国信息基础设施的升级。电子商务平台企业"云计算"应用进一步普及，如"阿里云"为阿里巴巴"双十一"购物节产生的海量交易提供了强大支持。

电子商务企业利用搜索引擎技术，通过ETL工具进行数据整合，借助大数据挖掘技术，对电子商务交易数据进行深入的分析，从而为正确的电子商务应用决策提供强有力的支持和可靠的保证。对大数据处理应用的各个不同环节，相应的支撑技术还包括很多。

除此之外，以手机为代表的移动设备的发展可以实现对用户的地理位置的感知，电子商务企业可以实时地掌握用户的消费行为数据，启动相应的营销策略。

眼球追踪技术的发展使得电子商务可以通过被动的方式去掌握消费者的行为数据。早期的眼球追踪技术不仅设备繁重，而且会影响消费者的自然性。现在，眼球追踪设备有了很大的改进，通过安装在摄像头上，直接红外线追踪消费者眼球瞳孔的转移，来挖掘视觉聚焦热点。当这种眼球追踪技术更加优化之后，消费者便可以更方便地佩戴，电子商务企业也能够更完整掌握消费者一天当中非常自然的所有行为，甚至还可以实现与用户之间的互动。

类似的，"电子鼻"的发展可以帮助电子商务了解消费者所处的环境，甚至利用生物技术把握消费者的情绪波动，通过脉搏、体温、体表等了解消费者情绪波动的变化。结合调查人员巧妙的问题设计，就能够很清晰地了解消费者的消费行为。

未来，获得消费者真正的"口碑"，而不是网上书写的口碑将成为电子商务企业收集用户反馈的一种新尝试。苹果公司的语音识别系统 Siri，是极具前瞻性的一种应用。Siri 的背后是一个非常庞大的语音识别智能系统。它从手机用户的提问当中识别用户需求，再通过背后的搜索引擎向手机用户推送所需信息。电子商务企业可以将这种语音识别技术运用到消费者口碑研究中。通过消费者的直接口头表达获得口碑信息更具便捷性和即时性，这亦是一种被动式的数据采集方式。

电子商务企业利用图像识别技术可以实现对消费者情绪的解读，悲伤、害怕、惊奇等。尽管消费者会有不一样的肤色，说不一样的语言，但是其表情背后所代表的感情是有其特定的代码在里面的。虽然目前有关挖掘和解读消费者的心智的研究仍处于实验阶段，但在未来这都将可能实现。

总之，与大数据技术相关的一系列周边技术的不断发展会突破以往的局限，带来更多更全面的数据获取，众多复杂的技术手段共同构成了大数据分析、挖掘、应用的必备工具库。技术的创新发展是大数据时代到来的先决条件，正是这些技术的不断突破创新才使大数据在各个行业领域的应用成为可能。

（三）消费市场的潜力挖掘

贝恩公司曾经联合市场调研机构 Kantar Worldpanel，对中国 40 000 户家庭购买 26 个快速消费品类的真实购物行为进行了深入研究，并总结出了对相关企业和品牌具有深远意义的观点。该研究得出的最重要的结论就是：中国消费者没有品牌忠诚度。事实也确实如此，北京埃森哲发布的中国消费者洞察研究显示，近七成（69%）中国城市消费者在购买行为中愿意尝试不同品牌。约 40% 在过去一年中曾换过零售商。2018 年中国市场由于消费者更换供应商所形成的交易规模达到近 1.2 万亿美元，占中国消费者年度可支配收入的 23%。这使中国成为世界第二大"换商经济体（switcking economy）"。也就是说，在相同的购买场合或消费需求下，消费者是"三心二意"的，某一品牌的高频率购买者通常也是其竞争对手的高频率购买者。这表明随着人口结构变化、城镇化深入、社会价值观的演变，以及数字化生活方式的普及，企业想要在日趋复杂的消费者市场中胜出将面临更大挑战。

消费者的"多品牌偏好"在电子商务领域表现得尤为明显。2008 年才初创的淘宝品牌"韩都衣舍"今天已经达到日订单 8 000 单，但是"韩都衣舍"的忠实客户往往同时也是另一个淘宝品牌"七格格"的大客户。消费市场的这一特征给予电子商务企业们一个公平竞争的机会，没有永远的"忠实客户"，只要能够让客户喜欢企业的产品，就会有客户购买。对于期望赢得消费者青睐的品牌方而言，集中制定策略以赢得消费者的关注便成为重中之重。

电子商务市场既充满挑战，也蕴含机遇，消费者的"无品牌忠诚度"决定了这个市场的潜力无穷。目前一个企业是否有竞争力已不再完全取决于它的产品和生产运作效率，而在很大程度上取决于它是否建立和保持良好的客户关系。过去由于技术的限制，企业信息系统的开放性不足，因此全方位了解顾客，把握客户的特征与需求只能是一种理想。而在网络科技的快速发展条件下，加上日益成熟的大数据仓库和大数据挖掘技术，企业拥有的数据量急剧增大，使得企业能更有效地掌握客户的行为及需求，获取吸引消费者注意的相关信息，帮助电子商务企业更好地挖掘消费市场潜力。埃森哲研究建议电子商务企业应该针对不同的消费者特征制定策略，投入数据分析能力建设被作为专门的一点提列出来。

（四）大数据技术的支撑发展

1. 大数据技术实现电子商务精准营销

据统计，一个销售人员为准备交易而寻找相关信息所花费的平均时间占工作时间的 24%，而这些时间和心血可以转化为巨大的收入。要做到"低成本、高效率"的营销，电子商务企业必须基于大数据的分析，挖掘出营销过程中的每一分潜在的价值，从而节约成本、战胜对手、占领市场。

腾讯公司在智慧峰会中特别强调，大数据时代背景下，网络媒体正在从单纯的内容提供方进化成开放生态的主导者，大数据时代的社会化营销重点是理解消费者背后的海量数据，挖掘用户需求，并最终提供个性化的跨平台的营销解决方案。基于大数据技术的电子商务将会更快捷地捕捉到潜在客户，从而更精准地进行销售预测。

随着电子商务的发展和大数据时代的到来，全球信息呈现出指数性的增长，然而消费者获取、过滤、筛选、分析信息的能力却没有得到相应的提高，这必然会导致消费者淹没在浩瀚的信息海洋中。因此，个性化和精准的商品推荐将成为未来电子商务发展的新方向。在产品推荐、洞察挖掘用户需求、分析购买行为等环节，大数据都起到了重要的作用。电子商务企业在后台通过对海量用户数据的挖掘分析，可以实现针对不同用户推荐最佳产品，促进销售额的同时，极大提高了用户体验。从京东"6·18"到天猫"双十一"，两大网络购物狂欢节到处充斥着大数据的影子。数据显示，"双十一"当日天猫十分钟交易额达2.5亿；一分钟支付宝交易成功笔数为9.2万笔，同比增长了49%。顾客的结构、流量、点击率、购买的周期以及兴趣，都会在电子商务平台上产生大量的数据，通过对大数据的收集、整合和分析，电商可以对消费者的品位和消费意愿进行准确识别，主动为其提供个性化和精准的销售产品和服务，提高销售额和利润率。在电商领域，亚马逊通过个性化技术为用户进行智能导购，大幅度地提升了用户的体验与销售业绩。

今后很长的一段时间里，大数据热潮仍不会冷却，它将成为电子商务运营的主引擎，并在电子商务营销、互联网金融等方面产生更大推力，最终成为电子商务竞争的重要指标。

2. 大数据技术创新电子商务营运模式

大数据的重要趋势就是数据服务的变革，把人分成很多群体，对每个群体甚至每个人提供针对性的服务。消费数据量的增加为电商企业提供了精确把握用户群体和个体网络行为模式的基础。电商企业通过大数据应用，可以探索个人化、个性化、精确化和智能化地进行广告推送和推广服务，创立比现有广告和产品推广形式性价比更高的全新商业模式。同时，电商企业也可以通过对大数据的把握，寻找更多更好地增加用户黏性，开发新产品和新服务，降低运营成本的方法和途径。

实际上，国外传统零售巨头早已开始大数据的应用和实践。Tesco是全球利润第二大零售商，其从会员卡的用户购买记录中，充分了解用户的行为，并基于此进行一系列的业务活动。例如通过邮件或信件寄给用户的促销可以变得更个性化，店内的商家商品及促销也可以根据周围人群的喜好、消费时段来制订更加有针对性的策略，从而提高货品的流通。这样的做法为 Tesco 获得了丰厚的回报，仅在市场宣传一项，就能帮助其每年节省 3.5 亿英镑的费用。显然，电商企业对比传统零售企业在这方面会更有优势，因为电商企业本身就是通过数据平台为用户提供零售服务的。

从国内来看，我国电商企业均积极在大数据领域进行布局和深耕，已逐步认识到大数据应用对于电商发展的重要性。以我国著名 B2C 龙头企业凡客诚品为例。经过近几年的高速发展，凡客每年的销售量成倍增长，库存问题逐渐成为制约其发展的主要因素。2011 年，凡客成立了数据中心，针对企业经营数据，包括库存、进货周期、周转、订单等，研究分析新产品的上架与新用户增长的关系，每上线一个新产品与它能够带来的用户二次购买的关系等，开展大数据应用实践。据报道，凡客的高库存问题目前已得到了缓解，库存周转速度由 100 天下降为 30 天，有效降低了运营成本。

电子商务的发展也促进了大数据技术在线下物流配送环节的渗透利用。电子商务的超速发展对快递业务提出了更高的要求。基于数据挖掘等大数据技术的智能化物流系统成为主流发展方向。京东在物流、配送上投入大量精力，推出极速达、夜间配等多样化服务，在面临订单量激增的情况下，仍然能够为平台保驾护航。未来，无论是阿里巴巴的"菜鸟"，还是京东的"亚洲一号"，结合大数据、云计算、GIS 等技术的智能化物流的对抗成为电子商务竞争的主旋律。

最后，近年来电子商务的发展也促进了互联网金融发展，呈现出"百家齐放"的良好态势。2017 年全年，支付机构共处理互联网支付业务 153.38 亿笔，金额 9.22 万亿元，同比分别增长 56.1% 和 48.6%。随着 2013 年，阿里巴巴推出余额宝，百度推出百度理财的大火，2014 年各种互联网金融手段纷纷涌现，形成对公和对私业务两翼齐飞的局面。然而，互联网金融的繁荣发展也同样带来另一个问题，即网络欺诈等不良行为的发生，众多的电子商务网站、电子支付门户网站都成了这种犯罪行为实施的重灾区。而基于机器学习的大数据技术，可以为严加防范网络欺诈行为提供有力的帮助。通过对网站的海量用户数据展开挖掘分析，识别网络欺诈的多种可能模式，以实现对未知模式也能采取防范工作，化被动为主动防御。在这一领域做得比较好的有 Sift Science 公司，该公司正在努力发挥大数据分析挖掘技术的优势，帮助客户摆脱网络欺诈行为的纠缠。

3. 大数据技术实现 App 高效质量评估

《中国移动互联网用户行为统计报告》中显示，48%的移动互联网用户每天花大概 1—4 个小时，甚至全天化地使用互联网。移动浏览网页、移动支付、移动购物各环节的打通促使大量用户从 PC 转移到手机，从打车软件的直接补贴到后面的各种 App 下载免费游景区、返现等各种活动足以证明移动端已进入激烈的竞争时代。

根据艾瑞咨询最新数据显示，2018 第三季度，中国移动购物市场交易规模为 2 309.6 亿元，较去年同期增长 250.9%，增速远高于中国网络购物整体增速。艾瑞分析认为，相较于 PC，移动设备轻便易携、碎片化、娱乐化特征明显，可随时随地满足用户的即时性消费需求，由此，移动端日渐成为用户网上购物的重要选择。同时，移动购物和生活场景相互交融，偶发性和冲动型消费快速增长，电子商务情境化趋势日益彰显。

从份额占比来看，2018 第三季度中国移动购物交易额在中国网络购物整体市场中占比 33.4%，较上一季度提升近三个百分点，较去年同期增长近 20%。

移动网络购物的日趋流行与移动应用软件的爆发式增长互为促进，移动电子商务进入高速发展阶段。据不完全统计，App 已经成为主要的移动互联网流量入口。然而，对开发者而言，意图让自己的 App 脱颖而出，就必须深入了解用户对该软件及同类产品的评价意见，以利于软件的不断优化与完善。传统获取评价数据的方法是参考应用商店里的用户评价和评分数据，这种方法存在明显不足。比如评分标准及区分度模糊，不能有效区分软件差别；文字评价更客观地反映用户意见，但是传统方法的文字分析工作主要依靠人力，很烦琐，又耗时耗力。一种新型的，基于大数据挖掘技术的软件 Applause，通过一种爬虫算法（获取相关数据的策略）实时抓取应用商店数百万用户的评价和星级评分，获取的数据被用于十个方面评价指标数字的最终确定，从而得出精确的软件评分榜单。

4. 大数据技术助推电子商务差异化建设

当前，我国电子商务发展面临的两大突出问题是成本和同质化竞争。而大数据时代的到来将为其发展和竞争提供新的出路，包括具体产品和服务形式，通过个性化创新提升企业竞争力。

阿里巴巴通过对旗下的淘宝、天猫、阿里云、支付宝、万网等业务平台进行资源整合，形成了强大的电子商务客户群及消费者行为的全产业链信息，造就了独一无二的数据处理能力,这是目前其他电子商务公司无法模仿与跟随的。同时,也将电子商务的竞争从简单的价格竞争提升了一个层次,形成了差异化竞争。目前,淘宝已形成的数据平台产品,包括数据魔方、量子恒道、超级分析、金牌统计、云镜数据等100余款,功能包括店铺基础经营分析、商品分析、营销效果分析、买家分析、订单分析、供应链分析、行业分析、财务分析和预测分析等。

总之,随着电子商务的繁荣发展及应用规模的日渐扩大,其庞大的数据量和复杂的站点结构不仅给商家的数据管理工作带来挑战,往往也会使客户手足无措,迅速且准确地找到自己需要的商品、服务或信息成为难题。如何从冗余的、不准确的数据中发现有价值的信息和知识,了解顾客的喜好和购买倾向,为客户提供个性化的服务已经成为各个企业面临的关键问题。大数据时代的到来为电子商务的发展带来新机遇和新思路,怎样抓住大数据的机遇,迎接海量数据时代的挑战是每个电子商务企业必须考虑的问题。

二、大数据背景下的电子商务新特点

与传统商务形式相比,电子商务具有高效性、方便性、集成性、可扩展性、安全性、协调性等特点。而如今,一个大规模生产、分享和应用数据的时代正在开启——社交网络、电子商务与移动通信把人类社会带入了一个以PB(1024 TB)为单位的,结构与非结构数据信息交织的新时代。使得一切皆可量化,一切皆为数据。电子商务的竞争更大程度上变成大数据的竞争。大数据时代背景下,电子商务具有了新的特点。包括更详尽、实时的用户数据反馈;更精准、有价值的用户数据的获得;更多样化的数据采集方式以及更多维度、多层次的数据处理与分析等。无论是B2B还是B2C的电子商务企业都在积极采取行动来收集数据、分析数据并试图驾驭数据。可以说,电子商务具有利用大数据的天然优势,大数据的应用将贯穿整个电子商务的业务流程,成为公司的核心竞争力。

(一)更详尽的用户数据反馈

随着大数据时代的到来,相对于传统的线下销售企业来说,爆炸性增长的数据已成为电子商务企业非常具有优势和商业价值的资源,大数据将成为企业未来的核心竞争力。电子商务构建的各类型数据库可以轻而易举地记录全部用户的各类访问数据,其中包括所有注册用户的浏览、购买消费记录,用户对商品的评价、在其平台上商家的买卖记录、产品交易量、库存量以及商家的信用信息等，快速捕获、实时监控、精准分析，实现数字化生产和管理。而传统商家要想做到这一点，一方面成本高昂，另一方面可靠性和精准性上难有保证。电子商务行业作为网络时代的核心产业，基于互联网的数据能力，使其在与实体企业的竞争中，能够迅速全面地获取用户行为信息和需求，更快地做出反应。特别是在大数据时代下，近乎实时地反馈数据，信息详尽并具有跟踪性，这对于电子商务网站优化决策提供了巨大价值。

（二）更精准的用户数据获得

互联网媒体在用户数据收集上相对传统媒体有天然的优势，移动互联网、社交技术的发展，为电子商务提供了持续处理海量数据，并在复杂碎片化的数据关系中提取价值信息的可能性。大数据时代之前，电子商务了解市场的数据采集方式多为主动式的数据采集方式，即调查者问，被访者答。大数据时代的全面到来，让被动式的数据采集方式成为可能，并将逐步发展成为未来的主流方式。利用数字化研究工具去"聆听""观察""感受""记录""追踪"消费者。使电子商务网站比一般的互联网媒体无论是数量上还是种类上都拥有更加海量、精准的数据。这种被动的数据采集方式的优势包括以下几点。

①数据的准确性得到调高。主动的数据采集以问答形式进行，往往是依据消费者的记忆状况。然而，消费者有时候又过于"理性"，隐藏真实的想法。数据的准确性和真实性无法保障。而被动式的数据采集，依靠的是消费者自发的或无意识的数据提供，能够提升所收集数据的准确性。

②非介入式的方式使得消费者更具自发性。电子商务是去"观察"而非"干扰（提问）"消费者，这样结果便更具自发性。

③快速和即时性。被动式的数据采集方式可以在消费者行为发生的当下，去捕捉其表现和状态，具有高度的实时性。

④经济性。被动式的数据采集方式相较于主动式的数据采集方式更具经济性，可以起到节约数据处理成本的效果，实现更经济的目的。

总之，大数据环境下，这种被动的数据采集方式使电子商务网站能够获得足够多的、更真实的用户购买需求、搜索习惯、购买路径和购买历史等一系列具有商业价值的精准数据。一方面可以利用大数据技术，按照兴趣、价值观、娱乐和生活方式等共同的行为方式来重新划分人群。另一方面，通过用户行为可以无限地接近、近乎准确地判断每一个人的属性，这些属性不单单包括人口自然属性，还包括兴趣爱好、行为轨迹、购买经历等，因而可以更精确地预测用户的消费需求，进而推送满足消费者需求的产品，促进消费行为的产生。

目前，通过新浪微博等社交平台，已经可以了解消费者的互动对象、消费者之间的影响方式、消费者的想法等。益普索集团自主研发的数字研究解决方案——"社群聆听（Social Listening）"工具，就可以从定量和定性两个方面探寻社交媒介消费者数字之音。以 Pinterest 网站为例，社交网络的发展，使得消费者可以随时随地表达他们的喜好。他们通过发表各种评论、打分等，更加直白地表达他们的喜好，使我们得以在一个更大的环境下了解消费者喜好。互联网的神奇之处就在于，不仅可以追踪到消费者购买了什么，还能追踪到购买前的浏览和购买路径。已经有一些网站把这种被动的数据转换成"推荐"，告诉浏览者当你浏览到这个页面或者你点选这个产品的时候，可能有百分之多少其他的类似用户也在看什么。

电子商务企业还可以利用 App 技术，去整体监控消费者移动终端设备的使用，形成一套被动监测系统，从而了解消费者的数字行为。

（三）更多样的数据采集方式

大数据时代，电子商务网站的数据来源可以大致分为四种：网站内部数据、站外引导性数据、直接访问数据和无线端数据。网站内部数据的产生与买卖双方的交易密不可分，包括内部搜索、站内社区、页面浏览与点击、购买与交易数据、后台管理数据以及即时通信数据等信息，直观而全面地反映用户的心理及行为，具有很高的价值；站外引导性数据主要是通过广告点击、搜索引擎上的搜索数据、SNS 上的推荐与链接及关联软件的操作与推荐等；直接访问数据主要来源于浏览器访问，软件访问等的直接访问数据，这部分数据能够有效洞察出用户的网络购物入口偏好及行为；无线端的数据又构成了海量的数据阵容，能够全面反映出无线用户的特征，对数据的分析和运用有着巨大的指导作用。大数据背景下，针对不同的数据来源采取多元化的数据采集方式，可以实现对数据的全面获取。

1. 主动登记的用户、商家和产品信息

用户、商家想要在电子商务网站展开交易，第一步就必须注册登记相关信息。对于用户而言，需要填写姓名、性别、邮箱、联系方式等详细信息。对于企业用户来说更需要通过一系列的认证。另外，用户若绑定支付工具、申请诚信认证等服务项目，也会生成新的数据项目，而这些数据随着用户使用时间不断累积。同样，产品信息作为消费者了解产品的最重要来源，同样得到了电子商务网站严格的控制，包括产品名称、产品关键词、产品类目、产品图片、产品组、产品说明等都有可循的规范可依。可以说，这些由用户、商家提交的数

据信息构成了电子商务网站的基础信息库。

2. 通过系统智能抓取用户行为数据

一般而言，电子商务网站可以通过智能系统抓取用户的 IP 地址登录信息、Email 地址、密码、计算机和连接信息（如浏览器类型版本、时区设置、浏览器插件类型版本、操作系统、平台）、购买历史、URL 点选流向（如何进入、经过路径、离开去向，包括时间日期）、Cookie number、浏览和搜索的产品、打 800 电话所用的电话号码等数据信息。

3. 通过反馈、调研方式采集数据

一方面，电子商务网站的客服系统会收集用户和商家的意见和建议，同时建立产品评价体系，鼓励用户向商家反馈、向其他用户分享自身的购物体验；另一方面，还会主动组织面向用户、商家的问卷调查和深度访谈等调研活动。通过反馈、调研等方式有针对性地收集数据和信息，帮助企业决策。

4. 主动购买、积极共享商业数据

以"慧聪网"为例，在搜索领域，慧聪网与搜狗、百度等搜索网站进行合作。基于"中国搜索"，慧聪网成立"中国搜索联盟"，并与 3721、新浪网、搜狐网、新华网等网站结成战略伙伴，实行数据共享。此外，慧聪网还与商务部、信产部、统计局等政府机构及各行业协会建立了较为深厚的合作关系，获取了大量的行业数据。

在 2015 年的中国电子商务峰会上，"块数据"理念被第一次提出，同样给电子商务的数据收集带来新的思路。所谓块数据，即在一个物理空间或者行政区域形成的涉及人、事、物等各类数据的总和。举例来说，以往一名用户既在微信、微博上有信息流，同时还有线下医保、社保、交通出行等数据，要准确地了解这名用户，需要对各种数据关联起来处理。"块数据"则让以往的这些"数据孤岛"连成一片，通过对不同类型、来源信息的集成、挖掘、清洗，极大地改变信息的生产、传播、加工和组织方式，使数据实现了流动、共享和交易，有利于寻找、培育、发展新的商业模式和新的增长点，有利于革新、替代过去粗放式的营销模式，使每一个流量价值都发挥到极致。

（四）更多层次的数据处理与分析

大数据时代背景下，电子商务网站将收集到的数据经过汇总与整合之后，通过一系列的筛选机制形成种类不同、作用不同的数据，并按照一定的维度进行了不同层面的处理与分析。

1. 多样化数据分类，确立不同的分析维度

数据在经过汇总与整合之后会通过一系列的筛选机制形成种类不同、作用各异的数据，并按照一定的维度进行不同层面的储存、分析与应用。一般来讲，电子商务网站的数据可以分为三类：第一，按照常规分类来讲，可以分为以"用户"为主体的"会员数据"，以"商品"为主体的"商品数据"和以"交易行为"为主体的"交易数据"；第二，按照用途来划分，分为对消费者的个性化推荐数据，能够提升卖家销量的市场发展、行业竞争及消费数据，提供给第三方机构、帮助其了解电子商务企业的行业数据等；第三，从技术层面来讲，数据又分为日志型数据、结构化和非结构化数据以及关系型数据等。

同时，数据的分析维度也是多种方面的，比较常用的维度是角色特征、心理特征、行为特征、地域特征、时段特征、关注度、销售指数特征等主要维度。

2. 建立数据库并开放数据的数据处理方式

一方面，电子商务网站会将分类好的数据创建为规范、统一、权威的数据库。一般而言，所有指标库中的数据，不论是各类业务实体明细属性，还是各类统计、分析和数据挖掘的指标，其中文命名是规范且通俗的、英文字段名是统一且唯一的、算法说明是权威且清晰可见的，从而很好地支持上层数据开放和数据产品研发。如亚马逊建立的 Amazon Simple DB 数据库、淘宝的 Oracle 数据库都是如此。

就数据的开放来说，部分电子商务网站会通过 Open API 和 Open File 两种方式开放数据。任何第三方开发者都可以通过 API 接口访问电子商务网站的数据，提供可以"安装"在网络页面上的应用。2010年3月30日，淘宝正式对外宣布将面向全球开放数据，商家、企业及消费者将在未来分享到其海量原始数据，涉及电子商务行业的宏观数据，以及让消费者了解最新消费风向标的数据，淘宝将实行免费开放策略；涉及各个行业市场情况、消费者行为研究等商业数据，淘宝将通过商业方式开放；涉及消费者个人隐私、企业商业隐私数据，淘宝绝对保护，防止任何泄漏。通过开放数据，第三方机构可以通过对这些数据的挖掘与分析，针对不同的需求群体提供打造不同的数据产品与工具，满足各类群体对电子商务数据产品工具的需求。

3. 智能分析与人工处理相结合的数据分析方式

通常，电子商务网站会通过智能分析以及人工处理相结合的方式来处理数据，达到数据的多层次、深度化分析。大型的电子商务网站几乎都有自己的数

据处理平台或工具。如亚马逊的数据处理平台 Amazon Web Services，并基于此推出了数量众多的云计算服务。在这个平台上，亚马逊对数据进行自动抓取，智能收集，以及有弹性的储存。此外，亚马逊还会通过强大的算法，自动对数据进行整理和分析，并且运用等。

虽然计算机能够自动处理一些信息，但是人产生的数据和信息很多都是计算机无法识别和计算处理的，这个时候人工处理成为数据处理的一种重要补充。与此同时，电子商务网站拥有自己的数据分析团队和专门的数据分析师，如 eBay 设在中国上海的技术支持中心里每天有上千人的团队为 eBay 全球业务提供技术支持，而数据分析部门则是其中最主要的团队；又如淘宝的技术平台部建立了淘宝数据产品化团队，根据团队中具体职能的不同又划分为产品研发、实时计算、数据开发、数据挖掘、数据中间层、UED、可视化实验室等，在淘宝网海量数据库与大数据处理技术的基础之上进行专业的海量数据挖掘。

三、大数据在电子商务中的新应用

2010 年后"云数据"概念打破了数据的时间、空间限制，大数据时代的大门开启。电子商务本质上是一种零售模式，与线下相比它具有更容易获取消费者数据、商品数据的特点，国内几家大型的电子商务网站都有着超过千万级别的活跃用户，京东每天的平均交易额超过一亿，订单数量超过 50 万，企业内部有着复杂的运营流程，这些都应该是数据可以发挥重大作用的环节，对数据的充分利用可以在效率、成本节约上发挥重要作用。

艾瑞咨询对近 1200 家企业的调查显示，97.9% 的企业认为数据分析对于电子商务运营很重要。但事实上，企业对数据的利用程度还远远不够。

然而不可否认，"大数据"意识正在电子商务企业中慢慢普及，据统计，近半数的电子商务企业计划全面启动大数据战略。与此相对的是有超过半数的被调查企业认为自身电子商务数据分析能力欠缺。海量数据被企业用来做加减乘除法，比率、趋势、绝对值是使用最频繁的方式；数据被分的七零八落，抽象性、局限性没有得到突破，没有进行数据的分散存储、整合、非结构分析等深层次利用；数据在各个运营环节中还没有发挥出其应有的价值和作用。造成这种现状的原因很多，可能是企业发展阶段不同，也可能是相关人力资源不足，但对企业来说，无论是何种原因，浪费了如此重要的数据资源都是一个重大损失，数据领域的创新亟待改观。

大数据时代的到来，为管理者观念转变和数据利用方法创新提供了新的思路。数据的使用将与企业运营发展更好地结合。大数据分析、挖掘技术应该受到电子商务管理者足够的重视,也应该在电子商务运营中得到更为深入和广泛的应用。为了最大化地利用数据,电子商务网站针对买家和卖家提供不同的数据产品和服务,并且不断提升自身内部建设、外部优化,实现对数据的多维度利用。

(一)大数据挖掘在客户关系管理中的应用

1. 潜在客户的获取

在大多数的商业领域中,新客户的获取能力被作为一项评判业务发展的指标。传统获取新客户的方法有很多种,可以通过企业的市场部门人员开展的广告活动、营销活动等,也可以根据所了解的目标客户群,将他们分类,然后进行直销活动。但是,随着客户数量的不断增长以及关于客户行为细节因素的急剧增多,传统方式受到挑战,要得出选择相关人口调查属性的筛选条件也变得极为困难。然而随着大数据时代的到来,不同于传统方法,大数据分析、挖掘技术可以实现企业对潜在客户的高效筛选。

除了了解关于消费者的年龄分段、性别比例之外,企业还想要进一步的了解更多能够诱发消费者的购买行为的复杂元素。不久前,一家在线的英国零售商进行了一次有趣的而且是非常规的网络数据分析。他们发现,家庭主妇们往往是在她们的丈夫观看球赛的时候进行网上购物。这可能并未包括更为广泛的消费人群的消费行为,但这也确实发现了一些看似无关的事件与消费者购买行为之间潜在的联系,给了这家公司一定的显著竞争优势。

现如今,越来越多的企业都早已超越了大数据和传统分析打交道的第一阶段。企业开始需要形成锐化的见解,企业的营销人员已经不再满足于仅仅获得一线消费者的一般性的统计数据(例如,消费者的住址、年龄分段、性别比例)。他们想要进一步了解更多能够诱发消费者的购买行为的复杂元素,哪怕这些消费行为是他们在观看球赛转播时发生的。

如果 IT 部门是为了支持这些深层次的分析,那么更多相互关联的因素的存在便是为了市场上的相关工具,这些工具可以在大数据积累的基础上在其数据库中进行定位,所以可以以新的创新方法质疑这些数据。

比如利用分类技术可以实现对 Web 上的客户访问信息进行挖掘,从而找到未来的潜在客户。依据用户行为差异,使用者可以先对已经存在的访问者进行分类,并依此分析老客户的一些公共属性,筛选出他们分类的关键属性及相互之间的关系。对于一个新的访问者,通过在 Web 上的分类发现,识别出这个客户与已经分类的老客户的某些公共的描述,从而对这个新客户进行正确的分类。然后从它的分类判断这个新客户是有利可图的客户群,还是无利可图的客户群,决定是否要把这个新客户作为潜在的客户来对待。客户的类型确定后,可以对客户动态地展示 Web 页面,页面的内容取决于客户与销售商提供的产品和服务之间的关联。若为潜在客户,就可以向这个客户展示一些特殊的、个性化的页面内容。

2. 原有客户的保持

二八定律认为企业 80% 的业务收入来自其 20% 的客户,然而随着行业中的竞争愈来愈激烈,获得一个新客户的开支也在增大,是保持原有客户成本的数倍甚至数十倍,所以相较之下,在努力减少获取新客户的成本的同时,保持原有客户的工作显现的愈来愈有价值。

电子商务模式消除了客户与销售商之间的空间距离,传统的营销模式不再适用,琳琅满目的商品信息和复杂的网站结构常常使客户迷失其中。这就要求电子商务网站应当转变"利润中心"观念,转而"以客户为中心"实施营销活动。

针对自己的原有客户,企业在客户关系管理的实施中,应该实时地对客户信息进行分析,通过预测处理,找出可能会流失的客户,并分析出主要有哪些因素导致他们想要离开,在此基础上,有针对性地挽留那些有离开倾向的客户。

事实上,影响客户忠诚度的因素非常多,有客户自身方面的原因、企业方面的原因,还有客户和企业以外的其他因素如社会文化、国家政策等。但除了企业自身外,其他都属于不可控或难控制因素。从这点出发,企业需从自身寻找影响客户忠诚度的原因。比如某个客户的忠诚度下降是因为他常买的某类商品的质量出现问题或价格过高,导致该客户转向了企业的竞争对手。对于这种情况,企业需要一种方法来对客户信息和营销数据的分析,找出哪些原因导致了客户的忠诚度下降,并且针对这些原因采取措施,挽回那些即将变为不忠诚的客户,大数据挖掘技术可以建立客户忠诚度分析模型,了解哪些因素对客户的忠诚度有较大影响,从而采取相应措施。因此基于大数据挖掘技术的客户忠诚度分析具有重要的应用价值。

比如,1号店利用对大数据的分析给顾客发送个性化邮件营销 EDM(Email Direct Marketing)。若顾客曾经在 1 号店网站上查看过一个商品而没有购买,则有几种可能:①缺货;②价格不合适;③不是想要的品牌或不是想要的商品;④只是看看。若在顾客查看时该商品缺货则到货时立即通知顾客;若当时有货而顾客没有买就很有可能是因为价格引起的,则在该商品降价促销时通知顾客;

同时，在引入和该商品相类似或相关联的商品时温馨告知顾客。另外，通过挖掘顾客的周期性购买习惯，在临近顾客的购买周期时适时地提醒顾客。

在互联网上，每一个销售商对于客户来说都是一样的，客户在某个销售商的销售站点上驻留时间的长短就决定了哪个销售商有更大的销售可能。这对销售商来说这既是一种挑战，也是一种机遇。为了使客户能在自己的网站上驻留更长的时间，销售商就必须能够全面掌握客户的浏览行为，知道客户的兴趣及需求所在，并能够根据需求动态地向客户做页面推荐，调整 Web 页面，提供特有的商品信息和广告，提高顾客满意度，从而延长客户在自己网站上的驻留的时间。

实施客户关系管理战略，更重要的是能够通过数据挖掘为客户提供与众不同的个性化服务。基于大数据挖掘的电子商务推荐系统通过对客户的访问行为、访问频度、访问内容等信息进行挖掘，提取客户的特征，获取客户访问模式。据此创建个性化的电子商店，主动向客户提供商品推荐，帮助客户便捷地找到感兴趣的商品。这是一种全新的个性化购物体验。不仅容易使访问者转变成购买者，而且可根据客户当前购物车中的物品，向客户推荐一些相关的物品，提高站点企业的交叉销售量，甚至还可以根据需求动态地向客户做页面推荐，提供个性化的商品信息和广告，提高客户对访问站点的兴趣和忠诚度，防止客户流失。

比如"9 点优品"，该网站定位为"做最有品质的购物推荐"，网站主要针对 100 元以上品牌商品进行推荐，有较多针对摄影爱好控的权威推荐，优质正品推荐是该网站的最大优点，网站对产品的价格、销量、质量三方关注，同时附带个人评价，有一定的参考价值，另外有个"我勒个趣"的趣味推荐，主要发布新奇特推荐信息，比较吸引眼球。而"什么值得买"网站有网友对推荐信息的二度评价，帮助用户做出判断。这些个性化服务的措施都在一定程度上防止着原有老客户的隐形流失。

3. 提供个性化服务

如上所述，个性化的服务不仅有利于留住老顾客，创新性的个性化服务还将源源不断地吸引新顾客的加入。标准化服务的最大弊端就在于，企业把所有顾客当作一个顾客来对待，而当顾客发现有其他可以满足自己需求的服务时，很容易转移到别的商家。相比之下，个性化服务在满足顾客多样化需求方面更具优势，但相应的具有更高的管理成本，至于高多少则要看个性化的程度。

针对客户独特需求的个性化服务可以作用在各行各业，但是能充分利用数据价值的依旧是与网络数字相关的产业和产品。其中最大的优势就是，企业可以通过技术支持实时获得用户的在线记录，并及时为他们提供定制化服务。

海尔和天猫在网上发起了用户定制电视活动。顾客可以在电视机生产以前选择尺寸、边框、清晰度、能耗、颜色、接口等属性，再由厂商组织生产并送货到顾客家中。这样的个性化服务受到广泛欢迎，2天内1万台定制电视的额度被抢光。类似的定制服务还出现在空调、服装等行业，也都受到了顾客欢迎。

这些例子已经展示了未来商业的曙光——通过满足个性化需求使顾客得到更满意的产品和服务，进而缩短设计、生产、运输、销售等周期，提升商业运转效率。

电子商务最根本的就是做用户体验，尤其是B2C型电子商务，对消费者行为的研究观点众多，经济学界有很多种理论，比如跨期消费理论、行为理论、随机理论等，但这些基本都是宏观层面的，电子商务手里有着大量的消费者购买行为的数据，微观领域的深入研究将是主要方向，甚至可以具体到某一个用户，包含区域购买力、商品区域化、客户分层、购物周期、购物偏向性、投诉原因等诸多数据指标的结合将为企业实行差异化战略和精准式营销提供重要依据，《蓝海战略》一书中曾经讲到差异化的一种识别方法——战略布局图，电子商务通过大数据分析可以有效地识别与竞争对手差异因素，开创新的蓝海并为消费者提供更适宜的购物体验。具体有以下三种方式。

（1）产品检索服务

首先，电子商务网站往往会在数据库的基础上，按多种指标为用户提供不同的内容排序方式，比如按点击量、按评论数、按转发数、按下载量、按销量等，从而使页面呈现的内容更符合自己的需求，不同的排序显示方式将直接改变用户的购买路径。如在京东商城页面，当用户输入关键词、进入搜索页面后，会看到"综合，销量，价格，店铺"四种不同的排序方式，每一种排序方式都会提供完全不同的卖家，展示完全不一样的内容。

此外，各大电子商务网站为了更好的信息搜索体验开发了不同的数据模型，不断优化站内搜索引擎。首先，用户在搜索关键词的时候能够实现智能联想，根据用户搜索的关键词热度进行联想，使得用户的搜索行为更加便捷、迅速。其次，网站的搜索系统会实时更新热搜词并进行页面的展示和推荐，让用户最快地找到热销商品。再次，网站的关键词系统还会对部分自营商品的搜索关键词进行筛选并加以优化更新，转化率低的关键词将被淘汰，新一批的关键词又会被补充进来。此外，商品的管理还与库存系统对接，一旦库存不足时，搜索系统将显示商品售罄的信息。最后，关键词的管理还与用户的搜索数据、浏览数据,以及竞争对手的商品上线情况相对接,以明确是否有用户喜欢但商家却未上架的商品,再考虑是否需要引进,以便新关键同及时上架。

另外,京东还会通过用户的历史评价生成搜索关键词,如很多用户在购买某一款产品后评价类似"送给岳母"这类关键词,系统会智能处理此类评价数据,分析出用户经常送给岳母的礼物是什么,因此当用户搜索"送岳母礼物"这个关键词后,搜索页面会按照热门程度、关联程度呈现商品,极大地方便了消费者。

(2)关联推荐服务

目前,推荐引擎主要有两种应用场景:一方面,当企业不知道用户具体关心哪些具体的内容和商品时(比如用户刚刚到达网站首页或者着陆页,或者只是进入了某个频道页,但未到达具体的文章页或商品页),完全基于用户过去的行为猜测他们可能会喜欢的内容和商品。这种推荐就是真正意义上的"个性化推荐",如前所述;另一方面,当用户已经在关注某件具体的商品时,推荐出与该商品有某种关联的其他商品,这种推荐就是"关联推荐"。

通常,电子商务网站会参考用户"已经浏览、已经收藏、已经购买、已经打分"的商品来判断用户的兴趣爱好,然后向用户推荐更多可能感兴趣的商品。如果用户出现新的购买或打分记录,或者兴趣发生变化时,"为我推荐"也会随之更新。如果用户收到的推荐并不满意,可以随时修改这些推荐。这种推荐行为贯穿于用户浏览、挑选、结算的整个过程,用户消费行为越多,网站推送给用户的选择越精准。总而言之,一个好的推荐系统可以大幅提升网站浏览转化率,为网站带来新的销售机会,既能提高电子商务网站的交叉销售能力,同时还能改善顾客对电子商务网站的忠诚度。

(3)购前参考服务

目前,很多电子商务网站会将行业数据与用户进行分享,帮助用户了解流行购物趋势,进行购物指导。如2018年淘宝网上线的官方免费数据分享平台——淘宝指数,通过展现淘宝平台上的人群指数、热销指数、价格指数、搜索指数、成交指数、热销指数、喜好度等与电子商务相关的数据来反映行业的各项指标,呈现出当下流行购物趋势;京东也推出了3C网络购物行为指数(简称京东指数),指数分为品牌指数、产品关注指数及消费指数三大类,数据来源于消费者在京东商城的实际点击率及订单数据。为消费者消费行为的变化提供参照,消费者可根据京东指数,了解当前市场最为热门的产品、型号及品牌,为消费者购买3C产品提供参考。

(二)大数据挖掘在卖方经营决策中的应用

1. 运营决策

通过大数据挖掘,可以分析顾客的将来行为,评测市场投资回报率,得到可靠的市场反馈信息。不仅大大降低卖方的运营成本,而且便于经营决策的制定以及制定产品营销策略和优化促销活动。比如通过对商品访问和销售情况进行挖掘,企业能够获取客户的访问规律,针对不同的产品制定相应的营销策略。利用大数据挖掘技术可实现不同商品优惠策略的仿真。根据数据挖掘模型进行模拟计费和模拟出账,其仿真结果可以揭示优惠策略中存在的问题,并进行相应的调整优化,以达到促销活动的收益最大化。

如今,在大数据时代背景下,越来越多的专业化电子商务平台会向网站上的卖方商家提供专业的数据解读与分析报告服务。这里的数据分析主要包括需求挖掘、订单分析、买家分析、售后服务与运营支撑分析、供应链分析、商品优化分析、营销效果分析以及店铺基础运营分析等。大数据技术实现了对企业资源信息的实时、全面、准确掌握。比如通过分析历史的财务数据、库存数据和交易数据,可以发现卖方企业资源消耗的关键点和主要活动的投入产出比例等,从而为企业资源优化配置提供决策依据,如降低库存、提高库存周转率、提高资金使用率等。

通过专业化的数据产品应用和可视化的数据图表展示,卖方能够清晰地发现自身运营背后存在的问题,同时数据产品能够提供专业的解决方案,帮助卖家科学决策,而不是盲目地凭借主观经验制定运营策略,进而达到提高店铺流量,提升产品排名,提高订单转化率的目的。

"中粮我买网"作为一家专业的食品 B2C 网站。密集的广告推广和活动促销带来了流量的快速增长,同时也导致用户的上网体验快感下降、后台处理工作量加大等问题。"我买网"从当当和卓越亚马逊的购物流程上受到启发,将原来三到四步的操作缩减到一步,这一改变使"我买网"的订单转化率提高了 30%。订单的增加除了依靠会员的自然增长,还与网站商品的优化有很大关系。在线营销部会分析来自各个渠道的信息以及会员的相关购买数据。例如,通过深入分析某次参与促销的 200 种商品能够带来的销售额,进而分析首页上的推荐,那些销售量较小的商品将被替换掉,这些分析也会用于对会员的商品推荐,分析结果最终将反馈到商品采购环节。此外,"我买网"还通过网络公关进行舆情监测,从各类 SNS 渠道上收集分析用户的评论和建议,以此优化并调整网站的商品品类。

2. 营销推广

如何运用大数据分析、挖掘技术来实现卖家的营销优化。一个简单的例子就是美国的运通公司（American Express），该公司拥有一个数据量达到 54 亿字符的数据库，主要用于记录信用卡业务。据调查，其数据量仍在随着业务的进展而不断更新。运通公司通过对这些数据进行挖掘，制定了"关联结算（Relation ship Billing）优惠"的促销策略，即如果一个顾客在一个商店用运通卡购买一套时装，那么在同一个商店再买一双鞋，就可以得到比较大的折扣，这样既增加了商店的销售量，也增加了运通卡在该商店的使用率。

然而不是所有的电子商务卖方都具备自助采集、分析和挖掘海量数据的能力，专业化的大型电子商务平台却具备这种能力。如今已经有越来越多电子商务大平台和第三方研发机构共同合作推出针对中小型卖方的营销推广产品，主要包括会员营销、促销工具、互动营销、店铺推广和导购展示等几大类别，实际上，电子商务平台针对卖家的营销推广很大程度上都是指流量推广，如何最大限度地将站内、站外流量引入目标店铺成为其最重要的职能。

例如，淘宝网能够基于买家的搜索关键词数据掌握买家需求，通过 Tanx ADX（竞价交易平台）实时推送关联推荐产品，能够极大地引导目标用户流量，促进销售。此外，阿里巴巴也推出了"网销宝"关键词竞价工具、"流量推广"站外引流工具等营销推广产品。

除此之外，利用大数据挖掘技术也可以实现对网络广告组合的优化投放。通过对大量消费者的消费行为、浏览模式以及不同的消费需求进行综合分析，可以达到精确评价各种广告手段整体营销效益的良好效果。根据评价的结果，企业可以确定出最佳的商品广告宣传组合方式。产品的广告形式和位置也依据顾客对商品的关注度不同而有所差异。从而最终达到增加广告的针对性，提高广告整体收益的目的。

Google 的 AdSense 通过对顾客的搜索过程和其对各网站的关注度进行大数据分析、挖掘，在其联盟内的网站追踪顾客的去向，从而及时有效地推出和顾客潜在兴趣相匹配的广告，进行精准化营销，提高广告效益的转化率。

3. 市场响应

大数据挖掘也有利于提高企业对市场变化的响应能力和创新能力。通过快速提取商业信息，大数据挖掘技术能使企业准确地把握市场动态，最大限度地利用人力资源、物质资源和信息资源，合理协调企业内外部资源的关系，产生最佳的经济效益，促进企业发展的科学化、信息化和智能化。

亚马逊在这方面已经有了很大发展，每天会有大量的基于运营的报表和数据处理，运营策略、市场推广策略的改变主要是看数据，它自行定义的自动补货模型就是基于时间序列和极值的原理而形成的，有效地解决完全依靠人工的订货、补货模式，提升了库存管理的效率。

（三）大数据挖掘在网站内部优化中的应用

电子商务网站是企业开展电子商务的基础设施和信息平台，事实是电子商务的公司或商家与服务对象的交互界面，是电子商务系统运转的承担者和表现者。因此电子商务网站的设计是否合理，运营机制是否健全，用户使用是否满意，安全是否得到保障是企业实现电子商务成败的关键。

1. 站点结构优化

一个较为成功的站点，一定是保持较高回头率和较长客户驻留时间的站点，针对这一特征，除了站点信息的自身质量问题外，要解决的问题主要是站点和页面的合理布局问题，这正如超市商品摆设一样，摆放在一起有助于销售。利用关联规则发现有用的信息，动态调整站点结构，使客户访问的有关联的文件之间的链接能够比较直接，让客户更容易访问到想访问的页面。根据用户访问习惯，将页面信息合理地呈现在用户眼前也是站点优化任务之一，这正如顾客经常进入统一商场购买常买的商品一样，购买行为给他可能有两种感觉一样：方便和不方便，对于他来说要是他常买的商品摆放在商场入口将会给他的购买活动带来很大的方便。利用聚类分析将众多的访问行为分类，最大可能呈现给用户的是用户常用的信息。

合理的网站结构设计有利于信息的有效传递，方便访问者快速查找信息，也便于网站正式运行后的更新与维护，网站的结构包括网站的目录结构和网站的链接结构。目录结构是一个容易忽略的问题，目录结构的好坏，不仅会影响浏览者访问网站的效率，还对站点以后的上传维护、内容扩充和移植有着重要的影响。在规划网站目录结构时，应注意以下几点：一是所有文件不要存放在根目录下；二是按栏目内容建立子目录；三是每个主目录下都建立独立的存放图片的子目录；四是目录的层次不要太深；五是不要使用中文目录和过长的目录，且要尽量使用意义明确的目录。

网站的链接结构是指页面之间相互链接的拓扑结构，它建立在目录结构基础之上，但可以跨越目录。链接并非越多越好，因为并不是每一个链接都会被用户经常访问，这样太多低效的链接会使网站拓扑结构复杂凌乱，不利于网站维护和优化。研究网站的链接结构的目的在于用最少的链接，获得最优的浏览效率。

对网站站点的链接结构的优化可从三方面来考虑。

第一，通过对 Web Log 的挖掘，发现用户访问页面的相关性，从而对密切联系的网页之间增加链接，方便用户使用。

第二，利用路径分析技术判定在一个 Web 站点中最频繁的访问路径，可以考虑把重要的商品信息放在这些页面中，改进页面和网站结构的设计，增强对客户的吸引力，提高销售量。

第三，通过对 Web Log 的挖掘，发现用户的期望位置。如果在期望位置的访问频率高于对实际位置的访问频率，可考虑在期望位置和实际位置之间建立导航链接，从而实现对 Web 站点结构的优化。

2. 搜索引擎优化

通过对网页内容的挖掘，可以实现对网页的聚类和分类，实现网络信息的分类浏览与检索；通过用户使用的提问式历史记录分析，可以有效地进行提问扩展，提高用户的检索效果；通过运用 Web 挖掘技术改进关键词加权算法，可以提高网络信息标引的准确度，改善检索效果，优化网站组织结构和服务方式，提高网站的效率；通过挖掘客户的行为记录和反馈情况为站点设计者提供改进的依据，进一步优化网站组织结构和服务方式以提高网站的效率。

站点的结构和内容是吸引客户的关键。站点上页面内容的安排和连接如同超市中物品在货架上的摆设一样，把具有一定支持度和信任度的相关联的物品摆放在一起有助于销售。比如，利用关联规则的发现，可以针对不同客户动态调整站点结构，使客户访问的有关联的页面之间链接更直接，让客户很容易访问到想要的页面。这样的网站往往能给客户留下好印象，提高客户忠诚度，吸引客户不断访问。

3. 运营监控优化

在电子商务网站后台，各部门都可以清晰地看到系统对于各项业务数据的详细记录，通过数据分析找出问题的解决方法，如通过分析网站流量大小和来源、新上线的产品点击率、同比环比的数据比较、某品牌的销量上升或下降等，探索出背后的原因，对网站各环节的运营起到指导作用。通过数据的收集与分析，实现了在后台对整体运营过程的实时监控，以便及时调整运营状态，推动其他环节的有序运行，从而更好地参与市场竞争。

如1号店通过"潘多拉"系统和"运营仪表盘"监管系统，使得各个部门的员工能够及时查看网站运营过程中有价值、有意义的关键指标，帮助管理层迅速做出相应决策，推动了1号店的有序发展。

4. 定价策略优化

电子商务相较于实体店的一大优势是价格，因此如何制定既便宜实惠又有利可图的商品价格成了很多电子商务自营商品销售的重要环节。通常来讲，自营电子商务网站会首先通过价格智能系统实现对其他主流电子商务网站的商品价格信息的实时抓取、储存；其次，由专门负责比价和定价的团队根据采购成本、顾客需求、利润和抓取的价格数据来建立价格模型，最终确定商品价格。同时，商品的价格还能够实现实时调整，确保价格的灵活性和竞争力。

如"当当网"建立了"比价系统"，该系统能够通过互联网每天实时查询所有网上销售的图书音像商品信息，一旦发现其他网站商品价格比当当网的价格还低，将自动调低当当网同类商品的价格，保持与竞争对手的价格优势。

5. 供应端监管优化

在电子商务产业链中，供应商处在上游的位置，是否能对这一环节实现高效管理，是所有具备自营商品经营能力的B2C电子商务都要解决的问题。在商品采购环节，针对供应商制定了严格的商品有效期制度，并通过采购管理系统对商品的采购、调拨、收获等环节进行监管。这样一来，就能够以"人工+系统"的方式双向保证供应商的商品在进入仓储环节时拥有详尽的包括生产日期在内的各项数据，并对商品进行实时监控。

如1号店推出的采购管理系统（PMS），能对采购物流和资金流的全部过程进行有效的双向控制和跟踪，完善企业的物资供应信息管理。

6. 物流环节优化

电子商务企业会将不同的商品按照关联程度和热销程度进行分类存放。商品之间关联度越大就摆放得越近，而畅销商品也会离包装区更近，以便拣货人员快速拣货。在拣货环节，由于用户订单数据经过系统处理会形成全新的拣货任务，之后，拣货员的数据采集器上会出现相应的指令，告知他该去仓库的什么位置提取哪些商品，大大减少了拣货时间，提升了工作效率。

为了最高效的方便物流运输，某些自建物流电子商务公司，如京东推出了地理信息系统（Geographic Information System，GIS），使物流管理者在后台，可以实时看到物流运行情况：一车辆位置信息、车辆的停留时间、包裹的分拨时间、配送员与客户的交接时间等，这些都会形成原始数据。经过分析之后，可以给管理者提供优化流程的参考，比如：怎么合理使用人员、怎么划分配送服务人员的服务区域、怎么缩短每个订单的配送时间等。另外，通过对一个区域的发散分析，可以看到客户的区域构成、客户密度、订单的密度等。

（四）大数据挖掘在网络环境规范中的应用

低劣的信用状况是影响商业秩序的突出问题，已经引起人们的广泛关注。由于网上诈骗现象层出不穷，企业财务"造假"现象日益严重，信用危机也严重制约着电子商务的发展和繁荣。电子商务在进行过程中如何有效地防止网络诈骗现象是未来电子商务领域需要尽快解决的一个重要问题。

发达的社会信息水平作为发展电子商务的基础，一切数据皆为信用数据，大数据可为信用评估所用。金融部门通过偏差分析，监控企业统计数据和历史记录或标准之间的差别，包括结果与期望的偏离以及反常实例等特征，为其构建完善的安全体系，可以有效地防范信贷风险。采用大数据挖掘技术可以有效挖掘出在偿还中起决定作用的主导因素，进而制定相应的金融政策。电子商务则可以采用大数据挖掘技术对电子银行、网上商店交易用户的日志进行分析，从而有效地防止非法密码的获取。同时还能够有效地防止黑客攻击，以及诈骗等不良现象的发生。

银行或商业上经常发生诈骗行为，如恶性透支等，这些给银行和商业带来了巨大的损失。对这类诈骗行为进行预测，哪怕是正确率很低的预测，都会减少发生诈骗的机会，从而减少损失。进行诈骗甄别主要是通过总结正常行为和诈骗行为之间的关系，得到诈骗行为的一些特性，这样当某项业务符合这些特征时，可以向决策人员提出警告。为强化网站中的网上交易行为的安全，应对网络进行全程的监控。运用大数据挖掘技术对交易历史数据进行挖掘，发现客户的交易数据特征，在此基础上，建立客户信誉度级别，有效地防范和化解信用风险，提高企业信用甄别与风险管理的水平和能力。通过对客户偿还能力以及信用的分析，来对客户进行分类评级，从而减少放贷的盲目性。通过对海量数据的分析还可以发现洗黑钱以及其他的犯罪活动。

美国申请信用卡，姓名有可能全部小写，也有可能全部大写，这在我们看来信用是完全不一样的，一个人如果能知道何时大小写他的姓名，从某种程度来说姓名指数更好，跟教育背景形成正相关。再比如，开本田雅阁和开尼桑350Z的人从一定程度来说，风险偏好程度往往不一样：开尼桑往往更激进，还款程度来说更快一些。

国内大数据信用评估公司 Wecash 闪银，整合了大数据信用分析技术与机器学习算法，借助精简化的传统银行信用审核模型，让烦冗的信用评估流程不用再提供工作、收入证明等资料，而是依赖于用户社交网络数据和搜索引擎海量抓取的信息，整个流程也变成在 20 分钟之内就可以完成。

同样用大数据来做风险评估和信用评估的还有美国 P2P 借贷行业的翘楚 Lending Club。除了充分利用信用统计的数据以外，Lending Club 还会要求借款人提供很多其他信息，包括为什么要借贷、希望的额度、教育背景、职业等。第三方的评分包括他的邮件、电话号码和住址、计算机 IP 地址等，这些都在网上操作。

而互联网产生的随时变化的数据能为信用评级做的不仅仅是提供一个静态的分数这么简单。利用大数据做信用评估主要是观察两个方面：第一有没有还款意愿；第二有没有还款能力，但两者之间并不能完美协调。原因很简单，因为有一个滞后性，而解决的办法是把离散的评分变成连续的，希望最终产生的版本是根据不同数据源，每分每秒改变，不是等两三个月信息才改变一次。

电子商务是现代信息技术发展的必然结果，也是未来商业运作模式的必然选择。在全球经济一体化的形势下，应该加强网络基础设施建设，积极推动企业的电子商务化进程，健全电子商务的安全立法和完善物流配送体系建设，为电子商务的发展营造一个良好的环境。同时，加强多媒体数据挖掘、文本数据挖掘和网络数据挖掘等研究，解决数据质量、数据安全与保密，以及数据挖掘与其他商业软件的集成等问题。利用数据仓库和数据挖掘等现代信息技术，充分发挥企业的独特优势，促进管理创新和技术创新，使企业在电子商务的潮流中立于不败之地。

大数据时代为中国电子商务发展带来新的发展机遇。首先，来自国家及地方政策方面的大力支持与推动，为电子商务应用大数据营造良好环境。其次，大数据相关技术不断突破创新，为大数据时代电子商务的新发展提供了保障。再次，中国消费者的"无品牌忠诚度"催生数据挖掘竞争，利用大数据技术展开同行竞争，使出各种招数赢得消费者的关注成了重中之重。最后，大数据技术在电子商务中的应用将有利于完善新时期电子商务企业的健康高速发展，体现在实现电子商务精准营销、帮助传统产业转型升级、实现 App 高效质量评估以及助推电子商务差异化建设上。

不同于传统的商务模式，随着大数据时代的到来，现代电子商务拥有更全面的使用用户数据，而且借助大数据分析、挖掘技术，电子商务更易获得精准且具有商业价值的用户数据，以实现精准的个性化营销。大数据背景下，针对不同的数据来源电子商务企业为了实现对数据的全面获取，采取多元化的数据采集方式，进行多层次的数据处理与分析。

大数据时代的到来，为电子商务管理者观念转变和数据利用方法创新提供了新的思路。为了最大化地利用数据，电子商务网站针对买家和卖家提供不同的数据产品和服务，并且不断提升自身的内部建设，实现对数据的多维度利用。即在客户关系管理中的应用、在卖方运营决策中的应用、在网络环境规范中的应用和在网站内部优化中的应用。

第二节 大数据挖掘与移动互联网

中国是世界上人口最多的国家，以中国移动通信为例，仅我国一个省的用户数量就相当于一个欧洲中等国家的人口，每天产生的数据量相当之大。人们每天都会通过使用平板电脑、智能手机、可穿戴设备等产品，将产生以十亿计的海量信息，这些相互作用的信息从根本上逐步改变着世界的面貌。

一、移动互联网大数据的来源与产生路径

（一）移动互联网上的大数据来源

2018年，中华人民共和国工业和信息化部（Ministry of Industry and Information technolgy，MIT）公布的一季度统计数据显示，中国移动互联网用户净增1394.1万，总数达到8.17亿，移动互联网流量增幅超过50%，面对移动互联网热潮，多数企业也在纷纷部署本企业的移动信息化平台。如今，移动互联网的应用浪潮正在席卷到社会的方方面面，比如社交娱乐、新闻阅读、地图导航、电商购物、学习办公等热门应用都出现在移动终端上，在苹果和安卓商店的下载已达到数百亿次，而移动用户规模更是超过了传统PC用户。

移动互联网（Mobile Internet，MI），是移动通信和互联网融合的产物，继承了移动通信任何时间地点都能与互联网交流互动的优势，即通过智能移动终端，采用移动无线通信方式获取业务和服务的新兴业务，包含终端、软件和应用三个层面。2013年4G时代的开启以及移动终端设备的普及必将为移动互联网的发展注入巨大的能量，必将给移动互联网产业带来前所未有的飞跃。

终端层包括智能手机、平板电脑、可穿戴设备、Ebook Reader等；软件层包括操作系统层、中间件、数据库和安全软件等；应用层包括休闲娱乐类、工具媒体类、商业财经类等不同应用与服务。随着技术和产业的发展，未来长期演进（Long Term Evolution，LTE）、近场通信（Near Field Communication，NFC）、移动支付的支撑技术等网络传输层关键技术也将被纳入移动互联网的范畴之内。

1. 移动大数据的核心载体

（1）智能手机市场占有率趋于饱和

如今，我国智能手机已形成较大用户规模，市场占有率趋于饱和。据中国互联网络信息中心（China Internet Network Information Center，CNNIC）调查，截至2018年6月底，我国智能手机网民规模达4.8亿，相比2017年2月增长了1.5亿，在手机网民中占比达91.1%，智能手机成为我国移动互联网发展的重要载体。随着智能手机用户的逐渐触顶，未来我国智能手机增速将呈减缓趋势，进入稳定态势。

（2）可穿戴设备的发展

与手机、平板不同，可穿戴设备是大家平时经常佩戴着的东西。可穿戴设备即直接穿在身上，或是整合到用户的衣服或配件的一种便携式设备。利用传感器、射频识别系统（RFID）、全球定位系统等信息传感设备，按约定的协议接入移动互联网，从而实现了人与物的信息交流。可穿戴设备不仅仅是一种硬件设备，更是通过软件支持以及数据交互、云端交互来实现强大的功能，可穿戴设备将会对我们的生活、感知带来巨大的转变。

可穿戴设备多以具备部分计算功能、可连接手机及各类终端的便携式配件形式存在，主流的产品形态包括以手腕为支撑的Watch类（包括智能手表和智能手环等产品），以脚为支撑的Shoes类（包括鞋、袜子或者将来的其他腿上佩戴产品），以头部为支撑的Glass类（包括眼镜、头盔、头带等），以及智能服装、书包、拐杖、配饰等各类非主流产品形态。

可穿戴设备主要分为以下四类。

第一，智能手机派的代表：Galaxy Gear、Apple Watch、Smart Watch。作为移动设备的功能补充，须与智能手机等设备配合使用。

第二，综合智能派的代表：Google Glass。这些设备虽然也需要与手机相连，可是功能更加强大，独立性更强。

第三，人体健康检测派的代表：Jawbone Up、Nike+系列产品。这些设备今天走了多少步，睡眠状况怎么样，一场篮球消耗了多少卡路里等记录信息，是这些设备专长。

第四，人体健康干预派的代表：Ocam、EVERY颈椎环。Ocam是一款能让视力受损人群能够自由阅读和活动的可穿戴设备。

（二）移动大数据的主要产生路径

中国互联网数据中心（DATA CENTER OF CHINA INTERNET，DCCI）指出，所谓"移动互联网入口"就是用户接入移动网络的第一站，也就是通过移动网络获取信息、解决问题的第一入口，移动互联网的入口自然会产生大量的数据。

早在互联网时代，就有一句话，得入口者得天下。入口就是需求，传统互联网时代里几乎所有成功的巨头，都是互联网入口占领者。比如，微软的Hotmail占领了邮箱入口，谷歌占领了搜索入口，亚马逊占领了网购入口，Facebook占领了社交入口。在中国也大体如是，但形式却不一样。比如把工具也做成了入口，包括腾讯、360、搜狗拼音、迅雷下载。它们通过工具掌握人群，再诱导人群进入各自更有商业价值的领域，比如浏览器、搜索引擎、购物网站等。

实际上，移动互联网入口是指用户寻找信息、解决问题的方式，成为入口意味着获得巨量的用户。虽然掌握用户并不直接等同于商业变现，但如果失去这个阵地，也就同时失去了成为行业巨头的机会。互联网先驱们做浏览器、做资讯门户、做搜索、做社交，背后隐藏的都是对用户使用入口的争抢。移动互联网也是如此。所有涉及移动互联网的公司，进入移动互联网领域，都不是仅仅以单纯的服务来运作产品，无论是硬件还是软件，都是企业家们完成移动互联网布局的工具。其根本的目的在于聚合用户到自己的平台上，通过后续应用和流量获得更高更广泛的收益。

移动互联网到今天，已经形成了产生大数据的四个主要入口：搜索、应用商店、浏览器和手机桌面。

第一，搜索入口。在移动互联网市场，笔者更看好的是基于用户位置的搜索。手机比PC增加了一个很重要的元素就是位置定位服务，或者说是位置信息。当搜索又增加用户位置条件时，使用者得到的便利将会非线性地增加。随着移动互联网市场的普及和深入，移动电商、移动支付等应用的多样化，势必会造成信息的过载，也就有了搜索的客观需求。DCCI调研发现，移动互联网用户对移动搜索的需求日益旺盛，而且，移动搜索是在拥有移动互联网流量大占比的情况下仍保持高速增长的领域。随着手机Web、App等技术的进一步成熟，这一市场将会进入加速期。另外，移动电商的崛起，为搜索也带来了新的机会。商品信息的移动搜索，线上比价搭配线下购物都将促进商品信息移动搜索的发展。

第二，应用商店入口。移动互联网诞生初期，浏览器成为用户在手机端延续桌上互联网的行为习惯。随着iPhone横空出世，苹果通过"iOS+App

Store"重新定义底层结构,手机用户开始学习使用本地 App 连接丰富的网络服务。应用商店所能掌握的用户是与它背后的操作系统紧密相连的。对于当前的全球移动互联网市场而言,操作系统层级的势力版图已经基本确立。Google 的 Android 和苹果的 iOS 将在相当长的一段时间里统治移动互联网的底层生态,双方的势力范围会日渐稳固,生态系统日趋完备。在这个维度,留给后发者的机会,不能说没有,但已经微乎其微。

第三,浏览器入口。在传统 PC 互联网上,浏览器一直是争夺最激烈的入口阵地,从 Netscape 到 IE、Safari、Firefox 和 Chrome,都体现了浏览器的竞争局势。随着 HTML5 的快速发展,许多原本只能在 App 中才能获得的良好体验在 Web 端被逐一实现。不甘受限于应用商店的开发者们,都认为浏览器是最有能力颠覆 App 模式的入口。甚至包括 Google、苹果这些移动互联网的领军者在内,都齐整地站到 HTML5 阵营中,更坚定了开发者们对浏览器的期待。

第四,手机桌面入口。Facebook Home 发布的时候,媒体哗然,初始以为 Facebook 要做手机,结果做了个定制化的"锁屏+桌面"。不过对我们来说,Facebook Home 的发布却是一个确认的信号。我们开发 GO Launcher 已经两年,较微信、UC 更早地拥有了海量国际化用户,Facebook Home 入局表明,它和我们一样看好第三方桌面这个市场的。从 Facebook Home 的功能可以清楚地看到,它是专为 Facebook 的重度用户定制的一款手机桌面,通过对用户锁屏和首屏的控制,把 Facebook 与社交打造成用户使用手机的中心,一切操作都围绕用户的社交而展开,其他行为都成为社交之外的附属。当桌面以良好的用户体验和定制服务把 Android 原生系统包裹在底层之后,可以做的事情有很多。所以才会有大量的第三方桌面诞生,比如垂直类的 Kindle Fire。这次 Facebook Home 走得更远,但本质上仍然是凸显特定功能(社交或电商)将其他应用弱化到附属地位的垂直类桌面。

总的来说,在移动互联时代,尽管无线了,但入口的商业逻辑没变,所以巨头们对入口的争夺也必然会继续下来,而且由于环境的变化,入口大战将会比之前更加激烈。

二、移动互联网大数据的特点和存在的问题

(一)特点

与传统互联网数据信息不同,移动互联网具有其独有的特殊性:①移动互联设备的标志性,即可以对应一个用户;②移动互联设备的定位性,即可以获

取用户精准的位置信息；③移动互联网与大数据更加切合，即移动互联网的访问量远远超过互联网的访问量，产生的数据的数量和种类也比传统互联网更多。

1. 数据标志性强

移动互联网大数据的核心节点是人而不再是终端、网页或IP。移动互联网的终端设备所产生的数据通常是来自同一个用户，所以用户在移动终端上的行为具有一定的可预测性。通过移动互联网，我们就可以直接获得用户的行为信息，进一步可以与手机号码、通讯录、甚至是所在位置相对应。

传统互联网可以通过日志分析来分析用户的访问信息，不过如何判断同一个用户的不同的登录，并使得网上行为与用户对应，是一个至今无法完全解决的问题。识别一个用户是主要依靠用户标识，其次是Cookie，再次是IP地址。但是也存在问题，比如：如果一家人用一个互联网则会被判定为一个用户；如果一个人用既用IE浏览器又用Google浏览器则会被判定为两个不同的用户。因此，传统互联网数据分析所面临的问题主要为以下几方面。

第一，用户在网站上主动注册一个账号是比较难的。通常用户，仅仅只是访问和浏览一下，而且只在自己经常访问的网站上进行注册。比如在微博、京东、淘宝、当当网、人人网等社交和购物网站。

第二，由于电脑的安全产品或者浏览器公司等会经常提醒用户对电脑进行清理垃圾，这样产生的Cookie就会被删除，为分析传统互联网上数据的个人信息带来巨大的困难。

第三，IP地址不能够充分锁定用户信息，而且用户的上网环境也会经常发生变化。比如在工作场所和在家里，使用的是不同的IP地址；也有大量的网吧等公共上网环境，这样的IP地址根本不能够识别和锁定用户的个人信息。

所以，在传统互联网上如果不通过用户注册和Cookie信息，很难判断用户的个人信息，也不能对用户提供后续的针对服务。而在移动互联网上这些问题就会迎刃而解，即使由于用户的隐私和安全等问题，我们也至少可以确定访问数据的同一个体性。能够确定数据的个人信息是一个巨大的财富，比如从位置信息可以分析出用户的经常活动范围；从位置和频率信息可以发现用户的居住和出差信息，甚至可以知道此时用户需要什么；从访问信息也可以分析出用户的工作种类，是学生还是工人，等等。

2. 数据定位性好

和传统互联网相比，移动互联网可以记录用户精准的地理位置信息和使用移动设备终端的信息等个性化信息。

移动设备的位置服务（Location Based Services，LBS）又称定位服务，通过电信移动运营商的无线电通信网络（如 GSM 网、CDMA 网）或外部定位方式（如 GPS）获取移动终端用户的位置信息（地理坐标，或大地坐标），在地理信息系统平台的支持下，提供给移动用户本人或他人以及通信系统，实现各种与位置相关的业务。实质上是一种概念较为宽泛的与空间位置有关的新型服务业务。

基于移动互联网是随时随地可以操作的，可以掌握的客观数据类型包括常规互联网很难掌握的位置、图片、有效操作周期等，移动互联网的大数据挖掘研究方向的具体方向包括以下几种。

①用户行为模式：各种应用的不同活跃时间模型、地点模型、操作模型、安装和卸载的模型。

②用户偏好模式：活跃周期和卸载率模型、推荐达成条件模型、关注度模型。

③用户体验模式：点击率和应用功能的深度模型、同类型体验的应用关注度、卸载度、活跃度模型。

与位置相关的数据挖掘看似简单，但是非常具有挑战性。任何与位置相关的数据挖掘工作必不可少的第一步就是搜集关于地点的可靠数据。在这个过程中，常常会面对多个不同的数据源，有些来自互联网，有些来自线下，而且在大数据时代下，这些数据量非常之大，处理起来有一定的难度。

3. 数据复杂性高

移动互联网数据是时间和空间两个维度的扩展，由于智能手机的大量出现，携带众多传感器的移动设备给数据系统提供了更多的高质量情景数据，可以评估人们平时看不见的行为和社交互动，还可以使用新算法来挖掘这种数据的价值。

移动互联网比 PC 互联网有了三点改进：①信息流到达用户时效性更强，类似于短信功能，比如 App 可以及时推送信息到用户，用户亦可以即时通过手机查看信息，而不需要用户时时刻刻坐到电脑前；②用户在线时间更长，PC 互联网时代，网民平均在线时长 2 个小时左右，而移动互联网时代，用户除了吃饭、睡觉，基本处于在线状态，PC 互联网的数据分析经验就是抢占用户时间，抢到用户时长越长，变现潜力也越大；③ PC 互联网时代，用户联网在线可能几次而已，但一次在线时间较长，而移动互联网用户每次联网时间可能不长，但联网频次非常之高，得到的用户习惯信息非常准确，比如社交类的微信 App

就是典型的高频次在线手机应用。

移动互联网可以随时随地联网，信息形式也更加的多元化，除了文本之外，图片、音乐、视频或者其他我们不熟悉的品类将逐步成为信息的主要呈现方式，联网设备也从 PC 的亿级变成了手持设备的十亿级，而手持设备对信息的即时性要求非常高，因此对于海量的、非结构化数据快速运算的要求随之提高，大数据技术刚好满足此需求。

（二）存在的问题

移动互联网有它独有的特殊性，因此移动互联网上的数据除了具有它的特殊价值之外，也存在和传统互联网不完全相同的处理问题。

（一）数据量巨大

移动互联网可能产生的数据量是一个我们需要考虑的问题。截至 2018 年 6 月底，我国智能手机网民规模达 4.8 亿，相比 2017 年 2 月增长了 1.5 亿，在手机网民中占比达 91.1%，而且这个数字正在飞速增长之中。如果每个用户产生的所有数据，包括即时的位置信息、路径信息、访问信息等都需要实时分析，那么需要处理的工作量是目前任何一家互联网公司都望尘莫及的。只有将大数据分析技术与云计算等新技术结合，才能更高效地分析移动互联网日益产生的海量、实时数据。

（二）数据安全性低

移动互联网上的安全因素是另一个我们需要考虑和解决的问题，移动网络安全、终端安全、业务安全是重点环节，因为在移动互联网上有很多的恶意的应用程序，而他们的目的就是侵入你的移动设备来窃取个人信息。具体包括以下几点。

①移动网络安全威胁：在非法接入的网络中，很可能造成数据的破坏、篡改等问题；各种攻击手段，产生数据包，给网络运行带来过重的负荷压力；利用程序漏洞、系统漏洞、嗅探等工具实行攻击。

②移动终端安全威胁：随着通信技术的不断进步，内存与芯片处理能力的增强，以及终端操作系统的开放性的逐步扩大，智能终端快速涌现，在提高网络能力的同时也给移动互联网带来了潜在威胁，如非法访问、篡改信息、操纵系统终端等。

③移动业务安全威胁：主要包括数据、业务的非法访问以及拒绝服务攻击等。

④用户隐私保护安全问题更加突出。因为移动终端和个人身份信息密切相关，在移动互联网我们要更加重视个人隐私问题，尤其近来用户信息的网上泄露问题引起了全社会的高度关注。甚至还有社交元素的融入诱发厂商和第三方大肆收集用户位置及相关信息的不安全问题。

解决移动互联网安全问题是一个复杂的系统工程，在不断提高软、硬件技术水平的同时，应当加快互联网相关标准、法规建设步伐，加大对互联网运营商监管力度，全社会共同参与进行综合防范，移动互联网的安全才会有所保障。

（三）数据质量差

移动互联网上的数据价值是大家都很看好的，但是数据质量却很令人担忧。移动互联网行业结构目前并不明朗，盈利模式也不清晰。大量的移动应用通过刷量来冲击移动互联网应用排行榜以追求投资人的青睐。大量移动互联网公司付费给水军来给自己的移动应用发五星好评，给竞争对手的应用打一星差评。这些数据所占据的比例过高，已经严重干扰了数据的准确性，而这些行为实际上大大降低了移动互联网数据的整体价值。

正如我们在互联网刚刚起步的时候所看到的各种问题一样，在移动互联网的萌芽状态也呈现出各类情况和比较难解决的问题也是相当正常的。在不久的将来，移动互联网上一定会有专注于数据服务的公司出现，他们不但能够解决大数据量的实时处理问题，同时还能够提供安全可靠的服务。

三、移动互联网中的大数据分析

在移动互联网时代，人类通过对海量大数据的高效分析获得商业以及社会价值。越来越多的企业已经开始利用数据作为经营决策的支撑，这其中最重要的角色就是数据分析师。大数据时代，数据分析作为核心技术，代表着核心竞争力。

（一）移动互联网数据分析的相关概念

移动互联网数据分析概念是基于厂商、顾问、从业者、全球行业协会之间的协定来进行定义和规范化的。

1. 国际移动用户识别码

国际移动用户识别码（International Mobile Subscriber Identification，IMSI）是区别移动用户的标志，储存在 SIM 卡中，可用于区别移动用户的有效信息。SIM 卡是 Subscriber Identity Modula（客户识别模块）的缩写，也称为用户身份识别卡、智能卡，全球移动通信系统（Global System for Mobile Communications，GSM）数字移动电话机必须装上此卡方能使用。在电脑芯片上存储了数字移动电话客户的信息，加密的密钥以及用户的电话簿等内容，可供 GSM 网络客户进行身份鉴别，并对客户通话时的语音信息进行加密。

手机开机后并且接入网络的过程中，存在一个过程为注册登记，这时候系统会分配一个客户号码（客户电话号码）和一个 IMSI 给用户，用户在请求接入网络时，系统可通过控制信道将经过加密算法加密之后的参数组传送给用户，手机中 SIM 卡收到信号后，与 SIM 卡内存储的用户信息参数经过同样算法后对比，结果一致就允许接入，否则为非法用户，系统拒绝为此用户服务。因此，它与手机号码的映像关系是一一对应的，能精确定位用户的手机，且在用户上网行为上更易为获取。

国际移动用户识别码是由 15 位十进制数构成，其组成结构为：移动国家码 + 移动网络码 + 移动用户识别码。

第一，移动国家码（Mobile Country Code，MCC）。MCC 的资源由国际电信联盟（ITU）在全世界范围内统一分配和管理，用于识别移动用户所属的国家，由 3 位十进制数构成，中国为 460。

第二，移动网络号码（Mobile Network Code，MNC）。MNC 用于识别移动用户所归属的移动通信网，由 2—3 位十进制数构成。在同一个国家内，如果有多个公共陆地移动网（Public Land Mobile Network，PLMN），可以通过 MNC 来进行区别，即每一个 PLMN 都要分配唯一的 MNC。中国移动系统使用 00、02、07，中国联通 GSM 系统使用 01、06，中国电信 CDMA 系统使用 03、05，电信 4G 使用 11，中国铁通系统使用 20。

第三，移动用户识别号码（Mobile Subscriber Identification Number，MSIN）。MSIN 用于识别某一移动通信网中的移动用户，共有 10 位十进制数，其组成结构为：EF+MDN+ABCD。

2. 移动设备国际识别码

移动设备国际识别码（International Mobile Equipment Identity，IMEI），又称为国际移动设备标识，是手机的唯一识别号码。"移动设备"就是手机，不包括便携式电脑；"国际"这个字眼也表明了它可辨识的范围是全球，即全球范围内 IMEI 不会重复；"身份"表明了它的作用，是辨识不同的手机；一机一号，类似于人的身份证号；"码"又说明它是一串编号，常称为手机的"串号""电子串号"。通常情况下，在拨号键用手机键盘输入 #06#，屏幕上显示的就是该手机的 IMEI。

IMEI 码具有唯一性，贴在手机背面的标志上，并且读写于手机内存中。它也是该手机在厂家的"档案"和"身份证号"。IMEI 由 15 位数字组成，每位数字仅使用 0—9 的数字，其组成如下所示。

第一，前 6 位数是"型号核准号码"（Type Approval Code，TAC），一般代表机型。

第二，接着的 2 位数是"最后装配号"（Final Assembly Code，FAC），一般代表产地。

第三，之后的 6 位数是"串号"（Serial Number，SNR），一般代表生产顺序号。

第四，最后 1 位数为检验码，（SP）通常是"0"，备用。

例如，三星公司的一台 GT-19308 手机的 IMEI 是：355065 05 331100 1/01。其中，355065 是 TAC，05 是 FAC，331100 是 SNR，1 是 SP，01 是软件版本号。

3. 移动用户地理位置标识别码

作为一个全球性的蜂窝移动通信系统，GSM 对每个国家的每个 GSM 网络，乃至每个网络中的每一个位置区、每个基站和每个小区都进行了严格的编号，以保证全球范围内的每个小区都有唯一的号码与之对应。网络的识别参数主要有位置区识别码（Location Area Identification，LAI）、全球小区识别码（Cell Global Identifier，CGI）和基站识别码（Base Station Identity Code，BSIC）几项。LAI、CGI、BSIC 的组成分别包括以下内容。

第一，LAI，包含移动国家码（MCC）、移动网码（MNC）和位置区码（LAC）。其中，位置区码（Location Area Code，LAC）是在移动通信系统中为寻呼而设置的一个区域，代表其覆盖的一片地理区域，初期一般按行政区域划分（一个县或一个区），现在是按照寻呼量来进行划分。

第二，CGI，CGI 是在 LAI 的基础上再加小区识别码（Character Identifier，CID）构成的。这两个指标有重叠部分，他们都是反映用户上网地点的指针，但是在小的研究范围内，LAI 就足够保证其准确性，而在更大范围，如全国乃至全球数据的研究时就需要 CGI 来支撑。

CGI 的信息在每个小区广播的系统信息中发送。移动台接收到系统信息后，将解出其中的 CGI 信息，根据 CGI 指示的 MCC 和 MNC 确定是否可以驻留于该小区。同时判断当前的位置区是否发生了变化，以确定是否需要作位置更新过程。在位置更新过程时，移动台将 LAI 信息通报给网络，使网络可以确切地知道移动台当前所处的小区。

第三，BSIC，又称基站色码。在 GSM 系统中，每个基站都分配有一个本地色码，称为 BSIC。若在某个物理位置上，移动台能同时收到两个小区的广播控制信道（Broadcast Control Channel，BCCH）载频，且它们的频道号相同，则移动台以 BSIC 来区分它们。在网络规划中，为了减小同频干扰，一般都保证相邻小区的 BCCH 载频使用不同的频率，而蜂窝通信系统的特点决定了 BCCH 载频必然存在复用的可能性。对于这些采用相同 BCCH 载频频率的小区应保证它们的 BSIC 的不同。

（二）移动互联网数据分析的特点

移动互联网分析与互联网的数据分析从技术上和分析上来说具有相同的概念和应用框架，但是移动互联网分析需要特别的知识和技巧。比如移动互联网分析一般需要对数据进行地理位置划分和具有数据采集方式复杂等特点，主要存在以下原因。

1. 数据的地理位置分类

由于是通过基站、移动联通基站、电信基站、GPS 定位、Wifi 位置定位得到的 LAI、CGI 和 BSIC 等地理位置信息，所以对移动互联网数据分析需要进行地理位置的划分。由这些信息转换得到的国家、地区/省、市、州、县、镇、街道、邮政编码及其他地理信息来划分移动用户所处的区域是移动互联网数据分析所具备的特点。

2. 数据采集处理复杂

目前移动互联网分析数据收集方式包括基于图像的数据收集方法、数据包嗅探、服务器端设置的无标签操作和日志文件等。数据包嗅探技术的数据采集方式在这里有它的优势，因为有些设备在 HTTP 的报头那里传送唯一的 ID（如电话号码）。移动终端平台和移动体验的数据采集，更倾向于使用更复杂的编程语言和方法来采集数据。大多数情况下，移动互联网数据的采集要用到用户的应用程序接口（Application Programming Interface，API）和软件开发工具包（Software Development Kit，SDK）。或者在移动应用程序离线的情况下，需要在程序中增加库或者软件代码才能收集数据。

但是移动数据采集的完整性必须得以保证，因为移动互联网分析的准确性很容易受到运营商和无线服务提供商等外部因素的影响。移动应用在数据采集类型上也有限制。iOS 平台对于数据采集有比其他平台更严格的条款。在某些移动平台上，要汇集并转售（网民监测）数据而进行移动数据的采集，存在一定的困难。一般情况下，也允许企业利用移动应用进行数据采集，来改进产品或卖广告。

下面介绍一下 API 和 SDK 的概念。

第一，API。这些 API 由特定的厂商直接部署到网站的代码中，移动应用和移动专用网站可以用 API 进行数据收集。程序员通过使用 API 函数开发应用程序，从而可以避免编写无用程序，以减轻编程任务。API 同时也是一种中间件，为各种不同平台提供数据共享。根据单个或分布式平台不同软件应用程序间的数据共享性能，可以将 API 分为四种类型：①远程过程调用，通过作用在共享数据缓存器上的过程（或任务）实现程序间的通信；②标准查询语言，是标准的访问数据的查询语言，通用数据库实现应用程序间的数据共享；③文件传输，文件传输通过发送格式化文件实现应用程序间数据共享；④信息交付，指松耦合或紧耦合应用程序间的小型格式化信息，通过程序间的直接通信实现数据共享。

第二，SDK。SDK 一般都是一些被软件工程师用于为特定的软件包、软件框架、硬件平台、操作系统等建立应用软件的开发工具的集合。它可以简单地为某个程序设计语言提供 API 的一些文件，但也可能包括能与某种嵌入式系统通讯的复杂的硬件。一般的工具包括用于调试和其他用途的实用工具。SDK 还经常包括示例代码、支持性的技术注解或者其他的为基本参考资料澄清疑点的支持文档。

（三）移动互联网数据分析的工具

数据分析主要通过数据工具进行分析。数据分析主要为两种：第一，第三方数据分析工具，如友盟，可以快速接入，节省成本，比较适合创业型公司及刚上线产品，但是无法对关键数据在突发异样时进行跟踪；第二，自己开发数据分析工具，可以对每个数据进行实时跟踪，并且快速做出对产品的调整，需要足够的开发人员及成本，比较适合大型公司或者成熟型产品。

目前国内市场的移动应用分析领域的公司有友盟、Talking Data、App Annie、百度等，都是开发者比较熟悉的平台，下面介绍几个国外的分析工具。

第一，Segment.io。Segment.io 是一款开源 API，能连接多种分析工具，支持所有的分析服务提供商。其服务可以与 Google Analytics、Mixpanel 等进行集成。用户可以按照时间轴顺序追踪程序应用等事件。另外可以针对用户群体，用 Mixpanel 分析本地移动和互联网浏览器应用上的差异。

第二，Google Analytics。Google Analytics 是著名互联网公司 Google 为网站提供的数据统计服务。可以对目标网站进行访问数据统计和分析，并提供多种参数供网站拥有者使用。近来 Google 分析对数据过滤和字段选取等方面做了一系列改进，选择 Google Analytics 进行数据统计，追踪访客行为和流量会更加便捷。除了数据筛选，Google Analytics 分析还能通过辨识用户使用终端屏幕大小判断是何种设备。此外，该分析软件还能辨别商业模式和名称，让分析方准确获知使用用户群的偏好，比如 iPhone 和安卓分别都是谁在用。通过过滤和分类功能，还能够将移动用户行为与用户全体进行比较。

第三，Mixpanel。Mixpanel 是一个 Web 服务，让开发者跟踪用户的使用习惯，并提供实时分析。Mixpanel 提供的"人物"功能，可以让你根据用户在应用程序内采取的行为对其发出推送通知。

第四，Geckoboard。我们使用 Geckoboard 对各种分析进行监督已有一段时间，对移动应用进行注册转化率分析是 Geckoboard 的一个强项。虽然计算机用户在某一网站或应用的注册数量要比手机用户（尤其是智能手机用户）多 3 到 4 倍，但相信这种分布差异很快就会越来越不明显。通过改进用户的移动体验，并对改动带来的影响进行实时监测，我们就能知道用户希望接受怎样的改进，从而提供更好的用户体验。

虽然移动互联网分析的数据收集和报告生产方面还存在很多挑战，但与之前我们在这领域发布的解决方案相比，整个产业的发展更进了一步，并且发展迅猛。尽管如此，在提高收集数据的准确性和对移动互联网体验整体数据生成报表方面，供应商仍需要做很多工作。在寻求和采购满足公司需求的解决方案时，要仔细考虑所需要收集和形成分析报告的数据，明智而慎重地选择那些适合企业的业务目标，并提供最合适和可扩展的数据收集。

三、大数据在移动互联网中的应用

随着手机用户的普及与推广，移动互联网每天都在产生大量的数据。这些数据可以帮助移动运营商内部的分析人员更多地了解和掌握客户的需求、爱好，借助数据分析可以帮助移动运营商挖掘更多有价值的用户行为、用户爱好，预测客户需求，为客户提供实时服务。

（一）增强移动应用用户体验

智能手机正在改变人们的生活习惯，手机社交、阅读、听音乐、看电影、聊天、购物、游戏等已经成为人们的日常生活行为。比如，在等车时，一边等车一边阅读小说打发时间；在商业圈里可以通过手机搜索热点商家，查看相关评论就可以了解哪家商店更加实惠；利用手机支付可以方便人们的购物行为，省去了随身带大量现金的麻烦；通过手机导航可以帮助人们进行线路导航，等等。

1. 移动 App 应用

App 指的是智能手机的第三方应用程序。比较著名的应用商店有苹果的 App Store，谷歌的 Google Play Store，还有黑莓用户的 BlackBerry App World，微软的 Marketplace 等。

移动用户数量的增长，基于大数据的移动应用越来越受到重视。据 CNNIC 统计显示，截至 2018 年 10 月，全国移动电话用户达到 11.22 亿。智能手机的保有量由 2017 年的 2 亿台迅速增长到 2018 年的 3.6 亿台。目前拥有过亿用户的移动应用已达 10 款左右，包括微信、支付宝、手机淘宝、百度地图、酷狗音乐、高德地图及墨迹天气等，它们都很好地利用了大数据带来的益处，在对用户数据进行分析整理的基础上提取有效信息，成为 App 大数据应用的先行者。

墨迹天气 App 是应用大数据的典型代表。它旗下产品空气果，可以利用 Wifi 去简单设置。空气果外观设计很酷，界面友好，可以语音播报，显示屏挥手可以点亮，挥手可以切换数据，它在用户数据保存和分析利用方面相对于其他同类移动 App 有很大优势。快的打车的大规模使用，增加了移动 App 的大数据应用程度。快的打车是打车软件和移动支付市场的代表，它获得了大数据以及 O2O 市场。通过软件实现对用户打车习惯、打车路径等数据的积累，进而分析，叠加地图服务、生活信息服务等内容，实现智能服务模式增加客户黏度，从而与商家以及消费者形成合作，实现赢利。

2. 移动健康监控

移动健康监控是使用 IT 和移动通信实现远程对病人的监控，还可帮助政府、关爱机构等降低慢性病病人的治疗成本，改善病人们的生活质量。在发展中国家的市场，移动性的移动网络覆盖则更为重要。

我国正面临着成为世界上最大的老年社会，据统计，预计到 2040 年，65 岁及以上老年人口占我国总人口的比例将超过 20%，80 岁及以上高龄老人正以每年 5% 的速度递增。同时，我国有数量巨大的慢性疾病患者，如哮喘病、糖尿病、慢性心脏病等。慢性疾病诊疗的需求越来越大，这给本就紧张的医疗资源带来了很大压力。而可穿戴医疗设备的健康监控在信息监测、诊断等方面的优势无疑将使之有极大的应用前景。

目前，苹果、三星、谷歌、索尼、高通等企业都在重点发力可穿戴医疗市场，国内的九安医疗、歌尔声学、长信科技等企业也都相继推出了可穿戴医疗产品。苹果2014年推出了HealthKit移动医疗平台，可以整合iPhone或iPad上的健康应用收集的数据，如血压和体重等；三星2014年发布的健康追踪腕带设备Simband，能通过光学传感器及生物阻抗传感器来测量和追踪人体健康数据，可检测心跳和血氧水平，还可增加血糖检测等更多复杂功能；谷歌正在测试研发一款智能隐形眼镜，内置一款无线芯片和微型的葡萄糖感应器，可测量眼泪中的葡萄糖水平。国内企业中，九安医疗与小米达成合作推出了health智能云血压计，目前health系列产品已覆盖血压、血糖、体重、胎心、血氧、心率等多项体征。

今天，移动健康监控在成熟的市场也还处于初级阶段，项目建设方面到目前为止也仅是有限的试验项目。未来，这个行业可实现商用，提供移动健康监控产品、业务和相关解决方案。

3. 移动支付

移动支付也称为手机支付，是用户通过使用其移动终端（通常是手机）对所消费的商品或服务进行账务支付的一种服务方式。通常表现为单位或个人通过移动设备、移动互联网或者近距离传感直接或间接向银行金融机构发送支付指令产生货币支付与资金转移行为，从而实现移动支付功能。移动支付将终端设备、互联网、应用提供商以及金融机构相融合，为用户提供货币支付、缴费等金融业务。

移动支付主要分为近场支付和远程支付两种，所谓近场支付，就是用手机刷卡的方式坐车、买东西等，很便利。远程支付就是通过发送支付指令（如网银、电话银行、手机支付等）或借助支付工具（如通过邮寄、汇款）进行的支付方式，如掌中付推出的掌中电商、掌中充值、掌中视频等属于远程支付。目前支付标准不统一给相关的推广工作造成了很多困惑。

随着我国移动支付产业标准制度、市场环境、生态体系的不断完善和技术产品、商业模式的创新支撑，移动支付产业市场规模不断扩大，并继续保持高位增长，在引领金融、电信、互联网、交通等领域创新发展的同时还带来巨大市场机遇，国内外众多科技、互联网、金融巨头先后高调布局进入，在跨行业融合发展大潮下，移动支付生态圈不断趋于优化，市场发展正大步向前。

（二）产生新型移动金融模式

移动互联网是大势所趋，将带来前所未有的生活方式的变革。马云认为："手机将来会成为数据消费器"。中国网上银行促进联盟秘书长曾硕认为："金融服务从线下转移到线上，是顺应了互联网对于生活方式的第一次变革；而移动互联网对于生活方式的第二次变革，将使金融服务平台进一步从系统走向生态，融入生活场景、融入商务服务过程，真正实现'随心、随行'。"

随着移动互联网的发展、互联网应用逐步社交化和大数据的广泛应用，将给金融行业带来新的机遇，并将使金融行业逐步"移动化""金融社交化"，产生新的移动互联网特点、新的金融模式。这种金融模式将具有成本低廉、随身便捷的特点，能够使人们不受时间和地点的限制享受金融服务。

第一，移动互联网使人及时获取金融信息，降低信息传播成本。移动互联网使金融信息传播快速，充分透明。移动互联网改变了用户获取金融信息的方式，使金融信息充分透明。典型的移动互联网应用，如手机微博和手机即时通信等，使用户随时随地查看财经金融信息，金融供需信息几乎完全对称，并可以实现供需双方直接交流沟通。

第二，移动互联网使金融产品随时随地交易，降低交易成本。手机网络商务应用，如网络银行和网上支付等使金融产品交易随时随地进行，可以实现供需双方直接交易，并且交易成本较低。例如，股票、期货、黄金交易、中小企业融资、民间借贷和个人投资渠道等信息能快速匹配，各种金融产品能随时随地地交易，极大地提高效率。

第三，移动互联网提高金融数据收集能力，大数据为金融数据处理和分析提供思路。一直以来，金融行业对数据的重视程度非常高。随着移动互联网发展、金融业务和服务的多样化和金融市场的整体规模扩大，金融行业的数据收集能力逐步提高，将形成时间连续、动态变化的面板数据，其中不仅包括用户的交易数据，也包括用户的行为数据，导致数据量成几何倍数增长，即形成海量的数据。对于金融企业来说，数据简单的收集是远远不够的，还需要对大数据进行深度挖掘。只有对金融数据进行复杂分析，才能快速匹配供需双方的金融产品交易需求，发现趋势和隐藏的信息，让金融企业洞察和发现商机。

互联网金融和移动金融的发展日新月异，将不断对金融业的监管方式与手段提出新的挑战，金融业务的管理和监管体系需全面升级，适应金融行业的移动化、社交化的发展趋势。同时、移动金融行业就是一个"跨学科"的行业，融合了金融、通讯、信息和IT等行业，目前金融和互联网行业具备这种跨行业复合型人才较少，对移动金融的发展有一定程度的制约。从趋势来看，未来的互联网金融可能完全区别于传统的金融模式，产生全新的移动金融模式。

金融机构参与移动金融可分为几种形式：一是移动银行，这是电子银行业务、互联网银行业务在移动终端上的实现；二是移动证券，这是股票类交易在移动终端上的实现；三是移动电子商务，银行或者券商打造电子商城，让客户在移动端上购物消费；四是移动转账，使用手机向他人汇款，通过移动银行实现行内或者跨行不同账户间的转账；五是移动缴费，通过移动终端实现水、电、煤气、物业等费用的缴纳。从上述分类业务可以看到，国内的移动金融主要是网络银行、网络证券等业务向移动终端的移植。

第三节　社交网络大数据分析

一、社交网络大数据概述

（一）社交网络和大数据分析

1. 社交网络

社交网络即社交网络服务，源自英文 SNS（Social Network Service）的翻译，又称为社会性网络服务或社会化网络服务。从广义上来说，社交网络涉及硬件、软件、服务及应用等内容。从狭义上来讲，社交网络也可理解为社交网站，社交网站主要是为一群有相同兴趣或活动的人创建的互联网上的虚拟社团，用户之间可以通过互联网提供的各种服务相互联系。随着移动互联网技术的普及，社交网络成了推动移动互联网迅猛发展的主力军。据统计，互联网花了30年的时间才达到7.5亿用户，而Facebook只花了8年的时间就达到了与之不相上下的用户数，如今，我们已然进入了社交网络时代。

社交网络的核心价值，在于人与人之间的社交关系。用户分享的信息越多，他们就能通过自己信赖的人获得更多有关产品和服务的信息，更加轻松地找到最适合自己的产品，并提高生活质量。在这一过程中，企业获得的益处则是通过制造更好、更合适、以人为本的个性化产品获取更多、更忠实的顾客，从而获取利益。与传统商品相比，基于社交关系、朋友圈等推广的产品更富有吸引力。由此可见，社交网络为人们开拓了新的信息分享与情感交流空间，同时也为企业创造了为客户提供更精准化的服务和营销的机会，使企业可以更早、更准确地抓住并了解自身客户的社交网络关系，并将更快、更强地占据市场核心竞争力。

2. 大数据分析

数据分析是计算数学的主体部分，其研究对象是运用数学计算机求解数学问题理论和方法，目的是探讨理论和方法的软件实现。用适当的统计方法对收集来的数据进行分析，可最大化数据的作用和价值。简而言之，数据分析就是为了提取有用信息和形成理论从而对数据加以详细研究与概括总结的过程。相比于数据分析而言，大数据分析有着类似的概念与价值目标，但却更为复杂与深入。

大数据分析是通过把淹没在数据海洋中的杂乱无章的数据进行数据收集和提炼，从而得到有效数据，观察与挖掘隐藏在数据背后的信息，研究其中数据价值的过程。大数据分析是智慧信息的体现，旨在发现隐藏在数据背后的信息，驱动业务发展，帮助管理层快速地做出科学决策的依据。对于企业而言，大数据分析就是将分散的不同数据源整合在一起，对未来做出预测，也可以利用衡量的结果引导商业活动，其中包括分析企业的数据来源、收集企业关系数据等，然后通过技术手段，对纯粹的数据关系进行分析，进而解决企业棘手的问题。无论是云计算平台还是一体机设备，所有这些都是为大数据分析服务的，大数据分析可帮助我们解读复杂情况的真正含义，可以弥补我们直觉上的误区。简而言之，大数据实现大数据分析，大数据分析实现大智慧与大价值。

利用大数据技术分析社交网络中各种类型的信息，使得人们行为的细节化与精准化测量成为现实。美国麻省理工大学史隆管理学院教授埃里克·布林约尔串森（Erik Brynjolfsson）曾以"现代版的显微镜革命"来形容大数据分析的潜在影响力。就像现代世界中的显微镜，大数据分析可以测量和分析无数从传感器流出的，或是上亿条社交网络帖子中的"纳米数据"，此后所有的决策行为都将可以基于数据和分析做出，而不是任凭直觉和经验。

（二）社交网络大数据的价值

与传统数据相比，社交网络本身就是一种大数据源，即使从很多方面来看，它更像是一种分析方法学。因为在执行社交网络大数据分析的过程中，需要处理无比庞大的数据集，此外，还要使用行之有效的方法将处理规模提升几个数量级。从某一角度来看，可以说是社交网络把传统数据变成了大数据，因为无论从大数据分析角度还是从大数据"大"的用途来看，相比传统数据的单维思路而言，社交网络大数据分析关注的是多个关系维度，其需要了解的是人与人或者群体与群体之间的更为复杂与多变的关系。

在大数据分析技术的演进下，社交网络中的"数据"已不再是单纯的数据、文字或图片等，而是一种能让业务流程智能运转的能力与关键力量所在。社交网络主要是通过社交用户产生价值，其中通过用户产生的价值可分为直接价值和扩散价值（或称间接价值）两种。在大数据时代背景下，我们关注的是全部价值，而非单个用户产生的个体价值。社交网络数据非常吸引人的地方也就在于此，它能够识别出客户可以影响到的整体收入，而不仅仅是他们自己提供的直接利益。从不同的角度去分析，也会大大影响投资某个客户的决策。能够产生高影响力的客户需要被"特别照顾"，因为他们能产生直接价值以外的更大价值。如果要使网络整体效益最大化，这种最大化的优先级要高于其个体利益的最大化，即我们需要把目标从个体账户的利益最大化转向客户社交网络利益的最大化。

（三）社交网络大数据的应用与挑战

1. 大数据在社交网络中的应用

社交网络产生了海量用户以及实时和完整的数据，同时社交网络也记录了用户群体的情绪，通过深入挖掘这些数据来了解用户，然后将这些分析后的数据信息推送给需要的品牌商家，商家再依照预测的客户需求提供相应的服务，进而产生利益循环。大数据的普及应用正如当年互联网技术的普及应用一样，将渗透到各个领域，并逐渐影响着每一个人的生活。现今，微博、微信、Facebook、Twitter等社交网站的应用已经深刻改变了人们的交流方式。社交网络快速增长的用户数量和活跃的用户活动，留下了大量用户行为痕迹，用户在互联网上的任何行为都是透明的。而在这些行为痕迹的背后，隐含着巨大的商业价值。例如，用户要在网上购买商品，就必然会进行浏览、搜索、下单等行为，而通过这些行为数据的收集和分析，就可以预测客户的需求。运用"大数据"实现"大分析"，将让数据产生"大智慧"。商家可以利用社交网络数据发现消费者的行为倾向，从而推出适合客户的商品，并验证广告的投放效果。

2. 大数据时代下社交网络面临的挑战

由于社交网络越来越流行，社交网络的用户也与日俱增，用户产生的内容的数量更是成指数级增长。每秒数万的状态更新、博文发表、相册及视频的分享等。成功的企业不仅需要从这些内容中识别出与他们公司产品有关联的信息，还要能剖析这些信息背后隐藏的价值，用实时或持续的方式对这些信息进行分析，构建商业智能等平台用以辅助预测顾客行为。

二、社交网络大数据分析技术与方法

Google、Amazon 等互联网企业先于其他企业发现了大数据的价值，并独自开发出一些能够低成本存储和处理大数据的技术，从而从中提取出有用信息，并将其整合到业务流程中，有力地占据市场。目前，跟随着他们的脚步，已经有很多企业开始积极进行大数据的分析，通过提供新型服务和提高顾客满意度来提升自身，也有很大一部分的相关研究者对大数据分析技术进行了理论的探索与研究。

（一）网络分析方法

网络是由节点和连线组成，通常人们用节点来表示系统的各个组成部分，即系统的元素，而用两节点之间的连线表示系统元素之间的相互关系，网络也为系统问题的研究提供了一种新的描述方式。

（二）社交网络社团发现

社团发现，简而言之，即发现社团，发现聚类。社团也即社团结构（Community Structure），处于社团内部的节点之间连接比较紧密，而处于不同社团之间的节点连接则相对稀疏。社团结构能够帮助人们直观地认识复杂网络的结构和功能，从而更好地理解和利用网络。

随着互联网和移动互联网的发展，社交网络的规模越来越大，包含的节点数也达到以亿计数甚至更大。然而，经过很多学者研究发现，社交网络中节点的相互关系并不是杂乱无章的，而是遵循着一定的规律。我们遇到的大多数网络，其内部都包含着社团结构，挖掘社交网络中隐藏的社团结构，对于我们研究网络的规律和特性有着重要的参考作用。

（三）自然语言处理

自然语言（Natural Language）是指人们日常交流使用的语言。相对于编程语言和数学符号这样的人工语言，自然语言随着一代代的传递而不断演化，因而很难用明确的规则来确定。广义上讲，自然语言处理（Natural Language Processing，NLP）包含所有用计算机对自然语言进行的操作，从简单的通过计数词汇出现的频率来比较不同的写作风格，到复杂的完全理解人所说的话，或至少达到能对人的话语做出有效反应的程度。简单来讲，是指利用计算机对自然语言的各级语言单位进行自动的处理，包括对字、词、句、篇章等进行转换、分析与理解等。具体来说，包括将句子分解为单词的语素分析、统计各单词出现频率的频度分析、理解文章含义并造句的功能。

NLP技术的应用日益广泛。例如：手机和手持电脑对输入法联想提示和手写识别的支持；网络搜索引擎能搜索到非结构化文本中的信息；机器翻译能把中文文本翻译成其他国家的语言。通过提供更自然的人机界面和获取存储信息的高级手段，语言处理正在这个多语种的信息社会中扮演着更核心的角色。其应用领域也十分广泛，如从大量文本数据中提炼出有用信息的文本挖掘，以及利用文本挖掘对社交媒体上的商品和服务的评价进行分析等。苹果手机中的语音助手Siri也是自然语言处理的一个应用。

（四）情感分析及其他

1. 情感分析

Web已经越来越成为现代社会各种信息的载体。随着Web 2.0的兴起与普及，由普通用户主动发布的文本越来越多，如新闻、博客文章、产品评论、论坛帖子等。在线社交网络在近几年也得到迅速发展，如国内的新浪微博，是一个基于用户关系的信息分享、传播以及获取平台。用户可以通过Web、WAP以及各种客户端组件，以140字左右的文字更新信息，并实现即时分享。它给予网络用户更自由、更快捷的方式来沟通信息、表达观点、记录心情。在不到三年的时间内新浪微博已积累了近3亿用户，平均每秒有超过1 000条的新微博产生，用户每日发博量超过1亿条。这些微博不仅反映了一些事件信息，同时也附加了用户对事件的情感表达。

（1）情感分析的定义

通过对在线文本的文本内容分析，自动探测和分析对感兴趣话题的喜爱度，而不是通过调查问卷来制造特定的调查。人们可以很容易地识别在这些在线文本中的自然的评价。除此之外，能有效地监控这些在线文本可能也是很重要的，因为它们有时候会影响公众的观点，而且在线文本中负面的流言可能对某些组织造成后果严重的问题。这样就出现了一种适用于特定领域的，面向大规模文本，探测文本对所谈论主题的"喜欢"和"不喜欢"评价的技术，为多种应用提供了支持。这种技术往往是集中在一个特定主题的内容分析，为竞争力分析、市场分析以及为风险管理的"不受欢迎"的谣言的探测，这就是所谓的文本内容的情感分析。简单地说，情感分析是指分析说话者在传达信息时所隐含的情绪状态，对信息进行有效的分析和挖掘，对说话者的态度、意见进行判断或者评估，识别出其情感趋向，或得出其观点是"赞同"还是"反对"，甚至情感随时间的演化规律。

对于计算机程序来说，从一个较大篇幅的文档和博文中抽取情感词十分困难。特别是对于那些特定词汇或表达在不同知识领域或专业领域中表达不同意思的情况来说，尤其在涉及专业领域和政治领域时，情况将更为复杂。

（2）情感分析的用途

从历史的角度来看，根据技术以及社会化媒体的发展，情感分析的用途可分为两大类：一是作为决策过程的输入，在购买商品的决策过程中显得尤为重要。提供人们分享经验和看法的网络论坛越来越多，这满足了人们想要了解其他人对某件商品的看法的需求，而不是单纯地从某一本商品杂志中去查找相关决策辅助信息。二是与公司获取的关于商品及服务的反馈信息有关。过去，公司想要获取相关信息，需进行小组讨论、民意调查等烦琐的工作，而现在公司则可以通过监测社会化媒体，实时了解所需要的一切信息。使用情感分析，可以更好地理解用户的消费习惯，得出消费趋势和市场反应，找出消费根源，并快速发现新的商机与威胁。

通过情感分析还可以分析热点事件的舆情，为企业、政府等机构提供重要的决策依据。对公司和独立用户的商业活动而言，情感分析是很有用的一种工具，可以为产品，服务或者品牌的评价进行分类。情感分析在微博海量数据上的应用，将有助于完善互联网的舆情监控系统；丰富和拓展企业的营销能力；实现对物理世界异常或突发事件的检测。此外，情感分析还可以应用于心理学、社会学、金融预测等领域的研究。情感分析已在如电影评论、产品评价、用户反馈等领域中得到了尝试。

（3）情感分析的技术方法

尽管文本情感分析兴起不久，但针对情感的自动文本分析已有很广泛的研究，如情感分类器，影响分析，自动调查分析，评价抽取以及推荐系统。这些方法都是试图识别和文本相关的全局上的情感，要么是"喜欢"的，要么是"不喜欢"的，或者是一种"中立"的态度。情感分析具有全局性也具有局部性，基于全文的情感分析得出的结论只有一个，即整体而言是"喜欢"还是"不喜欢"，这样就很难探测有关一个主题某个方面的细致情感。举例来说，尽管一个评论表示总体上很喜欢一个数码照相机，但是也可能提到他认为这个数码相机的可选颜色比较少。因此，把注意力放在局部文本关于主题情感的描述上，而不是仅仅对全局的喜爱度的分析，是很自然和有意义的。所以情感分析的研究可以分为以下两条路线。

第一，基于全文的情感分析，往往采用机器学习的方法，把情感分析看成是一个模式分类问题。最受欢迎的情感分析工具都是基于机器学习分类器的，通常使用的方法有贝叶斯分类器（程序更加简单，因此得到广泛的应用）、最大熵和支持向量机三种。

第二，基于局部的情感分析，采用的方法往往要结合自然语言处理的技术，比如语言学模板，句法分析，机器翻译。

2. 语义检索

语义检索（Semantic Search）是指通过文章内各语素之间的关联性来分析语言的含义，与将单词视为符号来进行检索的关键词检索不同，语义检索更加需要透过现象看本质，准确地分析与捕捉用户所输入的文章或是语句中包含的真正含义，从而提高分析结果精确度的一种检索技术。具体关于"语义检索"的相关问题和技术实践方法可参考相关文献。

3. 链接挖掘

链接挖掘（Link Mining）是对 SNS、网页之间的连接结构、邮件的收发件关系、论文的引用关系等各种网络中的相互关系进行分析的一种挖掘技术。最近这种技术被应用在 SNS 中，如"你可能认识的人""你要找的是不是"等推荐功能，以及用于找到影响力较大的风云人物。

三、社交网站大数据实践

（一）腾讯的社交网站大数据实践

1. 腾讯大数据现状

腾讯在 2012 年 4 月正式公布了其社会化营销平台，宣称揭开了"大数据"转向广告层面盈利的序幕。腾讯公布了一组数据：基于 QQ 空间和朋友社团的广告系统的日流量已达几十亿，即时通信活跃账户数超过 7 亿，QQ 空间活跃账户数达 5.5 亿。这意味着，腾讯开放的社交网络日流量超过几十亿。

IBM 将大数据的特征概括为 4 个 V，即 Volume、Variety、Velocity 以及 Value。所以从这四个方面也可看出腾讯的大数据现状。首先，从业务角度来看，腾讯数据的确足够大。腾讯数据平台自研的 TDW 替换了商业数据库，实现公司级数据集中存储。其覆盖了公司 90% 易上手的业务产品，总记录达到 375 万亿条，日接入 5000 亿条；通过 TA/MTA/ 信鸽等外部应用，覆盖移动设备数 7.7 亿。其次，从平台角度来看，腾讯的数据平台拥有设备 8400 台，单集群 5600 台，总存储 100 PB+；每日新增数据 200 TB+，月数据增长率 10%；存储 100+ 个产品数据，存储 5 万多个表；日均 JOB 数 100 万，日均计算量 5 PB。可见其数据量足够大，数据处理速度也是非常快的。从用户角度来看，这里提到的用户是指腾讯的内部员工。腾讯员工 2 万多人，腾讯数据门户的月活跃是 2500 个左右，也就是说访问腾讯数据门户的人占比公司 10%+；每月处理数据提取分析的任务数是 1 万个，如果访问者每人都会提数据任务，平均就是一个人提 4 个左右的分析提取任务；用户画像分析任务为 1.2 万个，可以看出腾讯对用户画像的重视程度。最后，腾讯数据平台已经接入 100 多个产品的各类数据，如用户属性、用户标签、用户行为、用户兴趣、用户细分等，也可见其数据的多样化。

2. 腾讯大数据平台

腾讯大数据平台有如下核心模块：TDW、TRC、TDBank 和 Gaia。数据服务的核心是分布式存储、实时计算、离线计算，以数据产品的方式对外呈现于应用上，业务平台则主要考虑的是用户接入、业务逻辑和关系型存储的工作。简单来说，TDW 用来做批量的离线计算，TRC 负责做流式的实时计算，TDBank 则作为统一的数据采集入口，而底层的 Gaia 则负责整个集群的资源调度和管理。

（二）Facebook 的社交网站大数据实践

Facebook 是一个起源于美国虚拟社交网络服务网站，于美国时间 2004 年 2 月 4 日下午 3 点上线。截至 2012 年 9 月，Facebook 拥有超过 10 亿活跃用户，累积了 11 300 亿个 Likes，照片则超越 2190 亿张，其中 170 亿张有地点信息，用户可以创建个人专页，添加其他用户作为朋友并交换信息，包括自动更新及实时通知对方专页等。Facebook 全球活跃用户数于 2012 年 10 月突破 10 亿，其中 6 亿为移动电话用户。2015 年 1 月，其活跃用户已增至 13.9 亿，成为全世界最大的社交网站。

（三）Twtiter 的社交网站大数据实践

Twitter（推特）是一个集社交网络和微博客服务于一体的社交网站，目前已是全球互联网上访问量最大的十个网站之一。它允许用户将自己的最新动态和想法以短信形式(推文)发送给手机和个性化网站群，而不仅仅是发送给个人。所有的 Twitter 消息都被限制在 140 个字符之内。博客技术先驱创始人埃文·威廉姆斯（Evan Williams）创建的新兴公司 Obvious 推出了 Twitter 服务。在最初阶段，这项服务只是用于向好友的手机发送文本信息。2016 年底，Obvious 对服务进行了升级，用户无须输入自己的手机号码，就可以通过即时信息服务和个性化 Twitter 网站接收和发送信息。据 Twitter 现任 CEO 迪克·科斯特洛（Dick

Costol）宣布，截至 2017 年 3 月，Twitter 共有 1.4 亿活跃用户，用户每天总共会发表 3.4 亿条推文。同时，Twitter 每天还会处理约 16 亿的网络搜索请求。Twitter 被形容为"互联网的短信服务"。网站的未注册用户可以阅读公开的推文，而注册用户则可以通过 Twitter 网站、短信或者各种各样的应用软件来发布信息。至 2017 年 7 月 1 日，Twitter 注册用户量为 5.17 亿，接近 Facebook 用户总数的一半。

Twitter 这些年来经历了极为快速的发展。据 Compete.com 网站显示，Twitter 早在 2009 年 1 月就已经在社交网络站点排名的榜单上从第 22 名一跃成为第 3 名。然而这也给 Twitter 带来了一些挑战。一为巨大的数据规模。2007 年，其平均每季度都会产生 40 万条信息，而到了 2008 年，这个数字已经增长至 1 亿。在 2010 年 2 月，Twitter 用户平均每天会发送 5000 万条信息。到 2010 年 3 月，Twitter 官方总共记录了超过 7 万款第三方应用程序。到 2010 年 6 月，根据 Twitter 提供的数据，平均每天会产生 6500 万条信息，也就是每秒 750 条消息。二为对实时性的要求。Twitter 的信息量经常会突然在重要事件发生时猛增。例如，在 2010 年世界杯足球赛上，在日本队和喀麦隆队竞争并得分的 30 秒内，用户每秒发出信息数量是 2940 条。而当美国歌手迈克尔·杰克逊在美国当地时间 2009 年 6 月 25 日去世时，用户每小时发布的包含迈克尔·杰克逊名字的消息就达到 10 万条，甚至一度导致 Twitter 服务器崩溃。

因此，Twitter 需要实时处理大量的数据。它主要被分成"在线部分"和"离线部分"两部分。在线部分指的是当用户发出请求，需要及时响应的部分；离线部分则指的是数据分析部分。传统的离线处理可能会有较大延迟。然而由于数据量庞大以及对低迟延的要求，导致 Twitter 无法使用 Hadoop 之类的高延迟大数据处理工具。

第四节 物流大数据分析

大数据可以为企业营销提供科学、快捷、可靠地数据分析与建议，依靠大数据发展智慧物流，可以有效整合物流资源、降低供应链各个环节的物流成本，提高物流行业的服务水平和服务质量。在大数据和云计算的支持下，一些新的物流模式被广泛推广，物流行业正发生着重大变革和转型升级。

一、物流大数据内涵与特点

（一）我国物流行业发展现状

随着全球一体化和电子商务的深入发展，以信息技术应用和供应链管理为特征的现代物流业成为现代服务业的主导产业之一。物流行业是我国重要产业，也是信息化与物联网应用的重要领域，有效地利用物联网技术，进行信息化和综合化的物流管理、物流过程监控，提升物流效率，控制物流成本，从整体上提高物流相关领域的信息化水平，从而带动整个行业发展是当前亟待解决的问题。

目前我国物流行业取得一定成效，已有多个省份建立集大数据、物联网技术、仓储物流和智能生态的新型物流园区。但与发达国家相比，我国的物流业发展相对滞后，物流管理体制不健全、第三方物流服务规模小、物流基础设施能力不足等瓶颈致使我国的物流成本过高。物流基础设施的滞后导致中转效率偏低，进而成为影响物流效率的重要因素。各大快递公司虽然都意识到了这一点，并为此纷纷在部分节点加大中转仓的投入，但投入仍较欠缺，缺乏全网范围的优化。

在现阶段，我国大量的物流资源难以得到充分整合利用，物联网技术的发展处于初级阶段，部分物流企业面临发展路线不清晰、规模偏小、缺乏技术标准体系、商业模式不成熟等问题。我国物流发展方式依然很粗放，物流效率低，是制约我国物流发展的主要因素。此外，运输距离过长，受到产业布局的影响，导致整体货物运输量居高不下。物流监管存在不够透明化的问题，促进监管规范化，决策科学化是发展物流的重要任务。数据拥有者将获得越来越大的话语权，影响物流行业发展，乃至整个社会的发展，充分运用数据发展新型物流是未来物流的发展方向。

（二）物流信息化

在当今经济全球化和电子商务的双重推动下，物流行业用科技力量来指导物流实践活动，将信息技术广泛应用于分析物流数据、控制物流信息、配置物流资源、辅导物流决策，通过这种方式来管理和控制物流行为，促进物流运作的智能化发展，降低物流成本，提高物流服务水平。

信息化是现代物流的重要特征之一，信息技术及系统在物流企业的应用能够有效地提高物流企业的运作效率和客户服务水平，推进物流企业及行业的信息化应用水平已成为促进传统物流转型升级的重要途径。物流企业管理信息化、公共物流信息平台、智能物流信息系统是当前物流领域管理创新和信息化的重要内容。

第一，物流企业管理信息化。物流企业通过建立订单管理系统、仓库管理系统、运输管理系统，实现对物流企业内部资源的有效整合和优化配置，提高企业的业务运作效率和客户服务水平。但是物流企业信息系统是面向企业内部的独立系统，是以相对固定的资源和功能为企业服务，缺乏按需服务及与客户实时协同的能力，同时，在物流的运作过程中缺乏智能的客户端和实时信息采集处理能力，需要进一步和大数据与物联网技术相结合，从而在更大范围和深度进行推广和应用。

第二，公共物流信息平台。物流公共信息平台能够较好地满足中小物流企业的信息化需求，降低中小物流企业实施信息化的成本，有效解决物流企业在业务系统过程中由系统异构带来的信息集成问题。由于用户客户端智能性和数据安全性的不足、平台运作商业模式不清晰的问题，物流公共信息平台的研究和探索为新的物流运作模式提供了有益借鉴。

第三，智能物流系统。基于互联网、物联网技术的智能物流系统，利用先进的信息采集、信息处理、信息流通、信息管理和智能分析技术，智能化地完成仓储运输、包装和装卸等多个环节，能及时反馈货物流动情况，使货物快速地从供应者送达给需求者，从而为供应方提供最大化利润，为需求者提供快捷的服务。智能物流系统的智能性体现为物流监控、物流企业内外部数据传递和物流企业决策智能化。

随着大数据和云计算的不断发展，结合物流企业管理信息化、公共物流信息平台和智能物流系统等应用，新型的物流形式也在逐步探讨中。

二、物流大数据内涵与特点

（一）大数据与物流

在当今信息爆炸的时代，物流企业每天都会产生海量的数据，尤其是整个物流环节，包括仓储、包装、搬运、配送、运输和再加工等，每个环节都产生庞大的信息量，使物流企业难以对这些数据进行及时、有效地处理。在传统方式中，主要依赖人力进行物流决策、物流管理和客户关系管理，在信息量巨大和瞬息变化的今天，仅靠企业所积累的有限原始数据难以对整个物流活动进行有效的掌控。

随着大数据时代的到来，大数据技术能够通过数据中心的构建，挖掘出隐藏在数据背后的信息价值，从而为企业发展提供有益的帮助，增加企业利润，促进物流产业的优化和管理透明度的提高，实现了物流产业各个环节信息共享和协同运作，促进社会资源的高效配置。如何抓住大数据时代带给我们的机遇，是物流企业在竞争中实现跨越式发展的关键。

（二）物流行业大数据的特点

物流行业的大数据类型呈多样化的特点，包括人的行为信息、偏好信息、交互数据等；Web 文本数据、流量分析数据、电商交易数据；各类设施设备采集的数据——传感器读数、运营数据、车载信息、监控视频数据等；企业内部信息类系统所采集或处理的各类数据，如运营数据、产品数据、供应链数据、财务数据、顾客数据和市场数据等；计算机使用数据和移动设备使用数据等；基础地理位置信息、RFID 读取信息、GPS 映射数据、图像文件、车载信息、时间与位置数据、遥感及动态监测数据等；流量监测、查询应用、分析器等应用数据。

物流行业数据结构多维、格式多样。物流行业的数据既包括存储在数据库里的结构化数据，也包括日志文件、XML 文件、JSON 文件和电子邮件等半结构化数据，而更多的数据类型是办公文档、文本、图片、HTML、各类报表、图像和音频、视频等非结构化数据。半结构化和非结构化数据约占大数据总量的 80% 左右。物流企业的大数据既有来自企业经营的内部交易数据，也有来自其他数据源的外部数据。外部数据的公共性特征比较明显，而内部数据由于和行业标准和商业机密密切相关，因此具有私密性。

（三）大数据与数据挖掘

最近几年许多物流企业广泛部署了 RFID 技术、冷链技术，并在各种终端设备上安装传感器，实时监控温湿度、光照强度，并采用 GPS 定位实时反馈位置信息。然而，从这些智能终端上获取的数据，并没有得到很好的利用。如何挖掘出隐藏在这些数据背后的价值成为大数据处理的关键。

数据挖掘是大数据处理的一个重要核心，是从海量、不完全的、有噪声的、随机的数据中利用统计学、人工智能、机器学习等技术提取隐含在其中的、有潜在作用的信息和知识的过程。数据挖掘主要是对数据进行关联分析、聚类分析、分类、预测、时序模式和偏差分析等。通过利用数据挖掘技术对大数据高度自动化的分析，做出归纳性的推理，从中挖掘出潜在的模式，可以帮助企业、用户、商家调整市场策略、降低风险、并做出正确的决策。

通过建立抽象的模型，可以针对积累的用户数据进行模式匹配与识别，并针对用户的特定需求的进行判断。通过对积累的用户历史消费数据进行筛选分析，模型识别和匹配出目标客户群，找到目标客户群，进行针对性的营销和消费行为预测。

大数据计算机分析不可替代性。计算机分析的效率高，远远超过于人脑的处理速度，对于海量数据，人类处理不了，需要计算机处理，甚至需要超级计算机处理。而对于不同的粗糙粒度和不同的时间尺度，看到的信息不同，要进行全维度分析，这就需要计算机进行建模分析。

大数据挖掘是在普通数据挖掘基础上的进一步拓展，大数据挖掘是针对海量数据的计算机辅助分析，是智能化处理模式，是一种新的探索领域。过去由于计算机联网水平、处理水平、信息积累能力的限制，人们不了解大数据这个领域，因此无法针对大数据进行建模处理。由于科技发展，大数据呈现在人们面前，这时急需的是大数据理论和大数据挖掘方法以及数据运用，如何处理好大数据，产生更高的分析智能，是大数据领域竞争的核心。

物流信息平台是利用人数据和通信网络技术，提供物流信息、技术、设备等资源共享服务的信息平台，依靠大数据处理能力、标准的作业流程、灵活的业务覆盖、智能的决策支持及深入的信息共享来完成物流行业各环节所需要的信息化要求，面向社会用户提供信息服务、管理服务和技术服务。实施大数据和云计算可以满足日益增长的物流需求，缓解紧张的物流资源，减少物流资源浪费；为客户提供高附加值、一体化、高质量的物流服务；通过先进的信息技术水平和管理理念，有效地整合物流资源、创新物流服务模式，从而提升物流行业的服务水平。

三、物流行业大数据的应用

（一）大数据在物流行业的应用机理

大数据的和云计算在提升物流效率方面的主要应用是：运用大数据技术在物流公共信息平台收集和处理客户的订单，抓取客户需求信息并进行数据分析，将结果提供给物流管理平台以调度和整合各类物流资源，以最快捷的速度和高质量的服务配送货物。云计算和大数据使物流资源高度协同，降低了物流成本，节约资源，保障了信息安全，并提升物流企业的服务水平和竞争力。各物流企业实现资源整合、优势互补、团结协作，有利于形成智慧物流和生态物流的环境。

大数据为物流信息系统汇聚了海量信息、生命周期可视、业务衔接密切且可追溯，可以根据需求实时调整业务活动，促成业务。大数据对企业物流成本及收入进行精确计算和预估，实现企业精细化管理，为客户提供个性化的整体物流解决方案。

大数据应用在物流上的应用包括以下三个方面。

第一，大数据系统，是在端前跟客户相联系与沟通，通过电子商务、物联网设备、呼叫中心、社交网络等方式，收集和提取数据；然后建立大数据仓库，对数据信息整合与分析，提供完整的数据生命周期管控，进行定制化分析，为企业提供深入分析数据，建设智慧物流、高效物流和生态物流。

第二，运行物流公共信息平台，该平台一方面通过数据接口端接收大数据系统的信息，另一方面通过数据接口端向客户开放，供客户查询使用。大数据为客户提供了海量物流服务信息，包括各类物流设备资源信息、物流状态信息、物流人力资源信息、物流公共服务信息和物流政策资源信息、物流保险信息、物流金融服务信息等，这些信息汇聚成虚拟的物流资源和能力，形成物流公共信息平台上的虚拟资源云，供客户查询使用。

第三，运行物流管理平台，它是集物流企业信息共享、资源整合、协同工作、流程再造、商务智能和决策支持为一体的综合性的物流服务平台，主要任务是通过RFID、GPS、传感器、车辆运输过程管理、车辆运输业务管理、车辆综合运营管理、汽车物联网等技术，准确、快捷地处理客户订单，调度和指挥各类物流资源，规划物流线路和物流方式，提供物流一体化解决方案，缩短物流流程，完成最后一公里配送，以最快捷的速度和优质的服务按客户要求交付货物，运用大数据和云计算实现物流平台对资源的智能化识别和管控。所有的物流商在这个平台上聚集，如仓储公司、运输公司、第三方物流企业、货代公司、物流咨询公司、银行以及保险公司等，向客户提供订单服务、运输服务、仓储服务、信息服务、金融服务、咨询服务和保险服务等全方位的物流服务。

（二）大数据在物流行业具体应用

物流企业正逐步地进入数据化发展的阶段，数据信息间的竞争成为当今物流企业间竞争的重要部分。大数据能够提升物流业的信息水平，可以分析客户的需求，并为每一个客户定制个性化服务，创新物流业的发展运作模式。目前，大数据在物流企业中的应用主要包括以下几个方面。

第一，市场预测。消费者的需求和购买行为是在不断变化的，新商品在投入市场前以及销售中的各个阶段都需要进行市场预测，以不断调整决策和销售策略。在过去，我们一般依据经验或通过市场调查问卷来对客户需求和消费行为进行分析。但采用调查问卷的方法往往工作量太大，且耗时久，当调查结果分析出来时，其结果往往已经过时，不能准确地预测当前的市场需求。而通过大数据收集和分析消费者累积的历史消费数据，能够帮助企业分析客户需求信息和客户的消费习惯，通过真实有效的分析结果反映市场的实时需求变化，以及对客户进行行为分析，从而对产品进入市场后的各个阶段进行预测，做出合理的库存管理和运输方案调整安排。

第二，物流中心的选址。物流企业在综合考虑到自身的经营特点、商品特点、交通状况和外界环境等因素的基础上进行物流中心选址，使配送成本、运营成本达到最小。对此，可以通过大数据技术对海量数据的分析，优化物流中心选址。在传统物流模式下，由于物流公司自身的数据量有限，在中心节点和分拨点的选择上具有一定的局限性。而在大数据云计算时代，物流企业可以通过分析更加海量的数据，利用大数据中分类树方法和云计算来解决。这提高了物流选址的科学性，降低了选址风险。单个物流公司自身难以获知某一物流需求的全面信息，但是通过物流云和其他快递公司、电商企业共享信息、分析数据之后，就可以全面了解这个地区的物流快递需求，指导物流公司合理建立枢纽中心和分拨中心。

第三，配送路径优化。配送路径的优化对企业的物流配送效率和配送成本有着很大影响，物流企业可以运用大数据分析商品的属性和特点、客户的不同需求（配送时间和费用）、外界环境、交通状况等问题，根据这些影响因素调整运输方案和运输路线，制定最合理的配送线路。而且可以根据配送过程中的实时数据，根据配送路线的交通状况，对事故多发路段以及紧急路况做出提前预警，及时调整配送路径。通过大数据的运用精确分析整个配送过程的各方信息，使物流的配送管理智能化，提高了物流企业的信息化水平和可预见性。

第四，仓储管理。物流仓储大数据的应用主要包括以下几个方面：物流仓储出库数据实时搜索和输入、物流仓储入库数据实时搜索和输入、物流仓储数据处理、物流仓储数据存储、物流仓储数据输出，以及仓储储位管理、仓储质量与安全、仓储库存控制、仓储成本控制管理等方面。合理地安排商品储存位置对于仓库利用率和搬运分拣的效率有着重要的意义。对于商品数量多、出货频率快的物流中心，仓储优化就意味着工作效率和效益。结合客户消费需求，通过大数据的关联模式法分析出商品数据间的相互关系以及热销产品，来合理地安排仓库位置，提高货物分拣率和仓库利用率。

第五，客户关系管理。大数据在物流客户管理中的应用主要表现在客户对物流服务的满意度分析、老客户的忠诚度分析、客户的需求分析、消费行为分析、潜在客户分析、客户的评价与反馈分析等方面。在传统客户管理中，数据的来源往往是企业的积累或自身的客户管理系统,导致数据量较少,信息接收方式单一,无法实时跟踪客户的需求。随着互联网的发展,客户的需求、客户的反馈无时无刻不向外传播。例如,客户对物流的满意度可能会出现在社交网站或企业网站,大数据技术可以从这些信息源中提取数据进行处理整合,形成有利于物流企业进行客户管理的数据。客户是企业生存发展之本,通过大数据技术及时、有效地了解客户动态,分析客户需求,有利于客户的维护。

第六,智能预警。物流业务过程的完成与外部因素息息相关,如时间、地点、天气和交通路况、人力车辆配置等。物流业务具有突发性和随机性,在任何时间、地点、任何情况下都可能会导致物流活动的失败。因此物流企业有必要建立智能预警系统,应对突发状况的发生。但传统的智能预警系统大多数是根据以往经验或企业已有的原始资料进行分析,难以对实时变化的环境进行充分预警。如今物流过程中数据量不断增大且实时更新,收集数据、整合数据、分析数据是传统数据预警系统难以应对的,大数据技术的出现为物流智能预警提供了保障。

(三)大数据物流的优势

面对海量数据,物流企业在不断加大大数据方面投入的同时,不该仅仅把大数据看作是一种数据挖掘、数据分析的信息技术,而应该把大数据看作是一项战略资源,充分发挥大数据给物流企业带来的发展优势,在战略规划、商业模式和人力资本等方面作出全方位的部署。通过在物流行业部署大数据的应用,可以对海量数据进行数据挖掘,充分发掘结构化数据和非结构化数据的价值,为企业实现增值,主要体现在以下几方面。

第一,大数据帮助企业做好信息对接,掌握运作信息。在信息化时代,互联网消费不断增多,规模空前扩大,给物流带来了沉重的负担,对每一个节点的信息需求也越来越多。物流环节产生海量的数据,过去数据收集和分析处理方式已经不能满足当前物流信息透明化的需求,这就需要通过大数据把信息对接起来,将每个节点的数据收集并且整合,通过数据中心分析、处理转化为有价值的信息,从而掌握物流企业的整体运作情况。

第二,大数据使供应链可视化。信息化发展是未来物流平台的主流趋势,数据是信息平台运营的核心,任何物流平台都离不开数据的支撑。全程供应链可视化是供应链的发展趋势,从需求开始到满足需求的整个过程,物流信息的可视化都是运营的重点,尤其是随着C2B和O2O模式全面渗透到制造和流通行业,物流信息的发展越来越离不开数据。传统物流主要依靠资源整合的差价获得利润，而未来的物流将依据数据带来的增值服务创造更大价值，数据是未来物流盈利模式的金矿。

第三，大数据能为企业正确决策提供依据。传统的根据市场调研和个人经验来进行决策已经不能适应这个数据化的时代，只有真实的、海量的数据才能真正反映市场的需求变化。通过对市场数据的收集、分析、处理，物流企业可以了解到具体的业务运作情况，能够清楚地判断出哪些业务带来的利润率高、增长速度较快等，把主要精力放在真正能够给企业带来高额利润的业务上，避免资源浪费。同时，通过对数据的实时掌控，物流企业还可以随时对业务进行调整，确保每个业务都可以带来盈利，从而实现高效的运营。

第四，通过大数据分析进行客户关系管理，能够更好地维护客户，避免客户流失。随着互联网商务的发展，网络消费急剧膨胀，企业竞争加大，客户越来越重视物流服务的体验，希望物流企业能够提供最好的服务，并希望能够掌控物流业务运作过程中商品配送的所有信息。这就需要物流企业通过对数据挖掘和分析，合理地运用这些分析成果，分析客户特点，增强物流数据的透明化，进一步巩固和客户之间的关系，增加客户的信赖，更好地维护客户，避免客户流失。

第五，通过大数据能够降低物流成本，提高配送效率。大数据涵盖了许多高新技术，主要包括大数据存储、管理和大数据检索使用（包括数据挖掘和智能分析）等技术。这些技术对物流行业发展的各个环节都有着重要的影响。如采集信息端中的识别、定位和感知技术，传输信息中的移动互联网技术，以及数据的应用和开发方面，将会出现越来越多的数据中心。通过在这些环节中对大数据的充分利用，物流企业可有效管理公司员工，快速制定出高效合理的物流配送方案，确定物流配送的交通工具、最佳线路，进行实时监控，很大程度上降低了物流配送的成本，大大提高了物流配送的效率，给客户提供高效便捷的服务，实现与用户之间的双赢。

第六，通过大数据参与物流运营管理，可以控制风险。通过对物流末端数据的监控可以实现运营安全的全程实时可视化，从而完成对运营安全的监控和预警，及时地调整资源调度和配置策略，进行风险规避，减少资源浪费和损耗，降低成本。

第七，大数据推动了"大物流"体系的形成。大数据时代的到来，有效地推动了"大物流"体系的形成，实现物流行业的巨大变革。所谓的"大物流"是指企业的自有物流（人员、车队、仓库等）和第三方物流企业的配送信息与资源的共享，以实现更大限度地利用各方面的资源，降低物流成本，社会"大物流"形成之后，企业可以和第三方物流公司合作，物流企业直接面对市场，根据市场的需要来组织调控，形成一个经济联合体来面对市场。物流骨干企业可以利用先进的物联网、云计算等技术，建立开放、透明、共享的数据应用平台，从而为物流公司、电子商务企业、仓储企业、第三方物流服务商、供应链服务商等各类企业提供优质服务，支持物流行业向高附加值领域进一步发展和升级。物流企业能够充分合理有效地组织利用资源，既保证了自己的经济效益，又保证了生产企业的经济效益。

四、大数据物流问题与对策

物流企业信息系统中拥有数万亿字节的用户信息、商家信息以及业务运营信息，数据已经成为业务活动的副产品。尽管大数据的应用意味着机遇和巨大的商业价值，但在应用的过程中也面临着数据质量、管理政策、资金投入等诸多方面的挑战。只有解决这些基础性的问题，才能充分利用这个大机遇，让大数据为物流企业创造价值，这些基础性的问题主要包括以下几方面。

第一，物流企业高层对大数据技术缺乏高度的重视和支持。由于大数据的发展仍处于探索阶段，大数据本身具有多样性和复杂性，使得大数据的质量无法得到有效、全面的保证，许多的物流企业高层管理人员对大数据挖掘技术和分析技术给企业带来的商业价值没有清晰的认识，对大数据的认识还没有真正提升到企业发展的战略高度。只有得到了物流企业管理者的重视，一系列跟大数据有关的应用及发展规划才能够得到推动，大数据的价值才能得到真正挖掘。然而，大数据在中国还处于不成熟的阶段。因此，物流企业高层管理者应当加强对大数据的认识，了解大数据在信息时代的真正价值，建设完善的数据中心和完善的数据质量保证制度，探索大数据在物流企业的应用。

第二，大数据的质量和时效性难以把握。大数据来源广泛，且数据结构随着数据源的不同而各不相同，物流企业要想从多个数据源及时地获取高质量的数据并进行有效的数据整合，是一个巨大的挑战。在数据收集阶段，由于数据的变化较快，有效期很短，而且单一的数据结构难以满足物流企业对数据的需要，如果物流企业没有及时地收集所需的数据，那么收集到的数据很可能是无效、过期的数据，在一定程度上影响着数据的质量。因此，物流企业应该重视大数据收集的质量问题，建立专门的数据库和专门的数据仓储设备来存储数据，保证数据的质量和有效性。同时，数据库管理员应该根据数据的结构设计数据存储和使用标准，以方便数据的快速读取和利用。

第三，非结构化数据的存储具有一定难度。数据有着结构化数据和非结构化数据之分，结构化数据是指储存在数据库里，只能用二维表结构来表达的数据，结构化数据库有着非常严格的表结构；而非结构化数据是指包括所有格式的文本、图片、办公文档、各类报表HTML、XML、图像和音频/视频信息等。因此在物流企业的运营过程中，引进先进的数据转化技术或先进的非结构化数据库是物流企业数据质量的保证。

第四，缺乏专业的数据管理人员。专业的数据管理人员的配备是保证大数据在企业推广的关键。由于大数据本身的多样性和复杂性，大数据在处理和管理上存在着较大难度，现在物流企业缺乏既懂得数据挖掘、数据分析技术，又熟悉物流企业运营的复合型技术人才。因此，在大数据环境下，物流企业想要充分利用这一机遇，就必须加大对新型数据管理人才的招聘和培养。

第五，信息的安全性对隐私数据存在威胁。由于信息平台的共享性，现代物流公共信息平台拥有大量数据汇集，范围广且日益复杂敏感，容易吸引更多的潜在攻击，而且因其被成功攻击的收益率提高，导致现代物流数据容易成为黑客的攻击目标。在信息时代，用户的各种行为需求都可能被记录，浏览记录、购物习惯、爱好、电话号码、身份信息等个人信息都会被记录在数据库里，这些数据的泄漏必然会给客户带来一些不必要的骚扰。然而公共安全维护面临着认识、技术和成本压力，以及所有权和使用权并不明确的制约，数据的开放与保护存在一定困难。因此，面对激烈的物流企业间的竞争，推动数据全面开放和共享的同时，物流企业内部必须完善保护客户隐私的规章制度，合理地对数据进行收集、处理和保密，加强信息基础设施建设、信息安全保障和信息内容安全管理，同时国家也应逐步加强隐私立法，完善法制管理体系，在利用大数据的同时，应尽可能地避免对个人隐私的侵害。

五、大数据环境下物流行业发展前景与建议

随着信息化的推进，新型物流产业的发展将成为未来中国经济发展的一个重要的产业和经济增长点，我国物流产业的发展将推动国民经济的发展，有效提高全社会的经济效益，并带动其他产业部门的健康发展。因此着力发展物流行业，推动物流行业的信息化发展，提高物流行业的整体水平对提升我国国际竞争力有着重要意义。

虽然目前我国物流行业的发展仍存在许多问题和弊端，如资源利用率低、科技化水平低下、配送效率不高等。但随着科学技术水平的不断提高、信息化

的发展以及人们需求的提高,专业化分工的进一步深化,物流专业化水平也在不断发展。物流企业将不仅可以提供货物仓储、运输配送、流通加工等有形服务,还可以提供物流信息管理、物流方案设计、物流管理咨询等无形服务,进一步降低物流成本、扩大服务对象、扩宽物流盈利渠道。因此,未来物流产业将得到长足、快速的发展。

如今是一个信息化快速发展的时代,物流产业的发展离不开云计算、大数据及物联网的综合运用。而快速的生活节奏使得人们越来越要求透明化高质量的服务,这就要求了物流信息化的发展。未来物流产业的发展将实现物流信息化、管理自动化(获取数据、自动分类等),将各智能终端通过互联网连接,形成智能化、自主化的流程,减少人工干预,形成网络集成管理、全方位的智能化功能等体系,实现物品的自动识别和信息的互联与共享,真正实现智能物流。

要想真正实现智慧物流,推动物流行业的变革与发展,各物流企业必须抓住大数据、云计算技术和物联网技术带来的机遇,正确认识物流行业和企业自身的发展方向;改变思维、改变模式,引进各项高科技、智能化产品和设备,推进智能终端的运用;充分认识数据的重要性,注重挖掘数据本身的价值,充分地利用获取的数据,提升各个环节的利用率和效率;培养懂技术、善于思考、善于学习和创新的新型现代物流人才,提升企业自身的竞争力和综合实力,使企业能在激烈的市场竞争中占据市场,提升企业效益。

大数据时代的到来,给物流企业的发展带来机遇。传统物流企业一般靠人为因素进行物流决策、物流管理和客户管理。而在信息量巨大、信息瞬息万变的今天,靠企业积累的有限原始数据,难以对整个物流活动进行掌控。解决这一问题最有效的方式是依靠大数据技术。大数据技术为物流行业的发展提供了手段。大数据技术能够通过数据中心的构建,挖掘出隐藏在数据背后的信息价值,从而为企业提供有益的帮助,提高企业利润,促进物流产业优化和管理透明度的提高,实现物流产业各个环节信息共享和协同运作,以及资源的高效配置。但大数据的海量信息量也为信息的安全性带来威胁,如何平衡数据的有效利用和数据的安全性是当前面临的一个重要问题,专业技术的普及和专业人才的培养也是将大数据更好运用于物流的关键。

第五节　大数据可视化分析

在大数据时代，数据量变得非常大，而且非常烦琐，要想发现数据中包含的信息或知识，数据可视化是最有效的途径之一。数据可视化可以帮助用户理解数据并探索数据的内在价值，这无疑是数据分析人员必备的一门技术。当你阅读报纸或者杂志的时候，或者当你在观看电视新闻或天气预报节目的时候，你能看到许多数据可视化的例子。例如，条形图和柱形图通常用来表示家族或人口普查中人口统计学发现的结果和趋势；折线图通常用来描述金融市场上随时间而变化的趋势；地形图用来表达地理和天气的模式。你是否深究过其中的原因？用二维或三维的数据可视化是表达这些复杂数据的最有效的形式吗？本章不仅强调了用数据可视化分析业务数据集和交流发现结果的好处，而且还提出了一套业已被证明行之有效的数据可视化和可视化数据挖掘的方法，以指导人们如何在企业内成功地开展数据挖掘项目。

数据可视化有两种类型：第一，直观展示业务数据集的数据可视化技术；第二，可视化数据挖掘工具和技术，用以直观地观察和分析数据挖掘算法以及探索、合成的数据挖掘模型。两者主要区别如下所示。

第一，数据可视化工具和技术帮助你对业务数据集创建二维或三维的图像，使得用户易于解释业务数据，从而提升知识和洞察力。通过直观地对二维或三维的数据可视化进行观察和交互，能够识别出业务数据集中有趣的（有价值的、隐含的，或者以前未知的和潜在有用的）信息或模式。

第二，可视化数据挖掘工具和技术帮助用户创建可视化的数据挖掘模型，利用这些模型发现业务数据集中存在的模式，从而辅助决策支持以及预测新的商机。对可视化数据挖掘工具而言，能对二维或三维的预测型或描述型数据挖掘模型进行观察和交互，以理解（和验证）数据挖掘算法发现的有趣的信息和模式。另外，数据可视化工具盒技术通常用于理解和评估数据挖掘模型的结果。数据挖掘工具输出的是特定种类的模型。你可以将模型看作在业务数据集中发现的规律和模式的集合，他是一个抽象的任务。就像人类能够根据以前的经验开发相应的处理策略一样，数据挖掘工具能够根据以前的数据开发出一个预测模型，用以预测哪些客户会在下一阶段流失。因此，数据挖掘工具有可能为制定决策提供相应的解释和依据。有些数据挖掘工具能够为发现的结果提供清晰的解释和说明，从而辅导决策，并且说明制定该决策的原因，另外有一些数据挖掘工具类似一个黑盒子，能够制定决策，但是不告诉你原因。

在上述两种情况中，可视化是关键技术，它帮助你发现新的模式和趋势，并将发现的结果和决策人员进行沟通和交流。有效地利用数据可视化和可视化数据挖掘这两种方法的联合,商业的赢利和投资回报率(ROI)就能得到保障。

一、大数据可视化概述

(一)大数据可视化简介

大数据可视化(BDV)是关于数据视觉表现形式研究的集合;其中,这种数据的视觉表现形式被定义为一种以某种概要形式抽提出来的信息,包括相应信息单位的各种属性和变量。数据可视化主要借助于图形化手段,清晰有效地传达与沟通信息。但是,这并不意味着,大数据可视化就一定因为要实现其功能用途而令人感到枯燥乏味,或者是为了看上去绚丽多彩而显得极端复杂。为了有效地传达思想观念,美学形式与功能需要齐头并进,通过直观地传达关键的方面与特征,从而实现对相当稀疏而又复杂的数据集的深入洞察。然而,设计人员往往并不能很好地把握设计与功能之间的平衡,从而创造出华而不实的数据可视化形式,无法达到其主要目的,也就是传达与沟通信息。大数据可视化与信息图形、信息可视化、科学可视化以及统计图形密切相关。当前,在研究、教学和开发领域,大数据可视化乃是一个极为活跃而又关键的方面。

(二)大数据可视化发展历程

数据可视化领域的起源可以追溯到二十世纪50年代计算机图形学的早期。当时,人们利用计算机创建出了首批图形图表。1987年,由布鲁斯·麦考梅克、托马斯·德房蒂和玛克辛·布朗所编写的美国国家科学基金会报告《Visualization in Scientific Computing》(意为"科学计算之中的可视化"),对于这一领域产生了大幅度的促进和刺激。这份报告之中强调了新的基于计算机的可视化技术方法的必要性。随着计算机运算能力的迅速提升,人们建立了规模越来越大,复杂程度越来越高的数值模型,从而造就了形形色色体积庞大的数值型数据集。同时,人们不但利用医学扫描仪和显微镜之类的数据采集设备产生大型的数据集,而且还利用可以保存文本、数值和多媒体信息的大型数据库来收集数据。因而,就需要高级的计算机图形学技术与方法来处理和可视化这些规模庞大的数据集。

短语"Visualization in Scientific Computing"(意为"科学计算之中的可视化")后来变成了"Scientific Visualization"(即"科学可视化"),而前者最初指的是作为科学计算组成部分的可视化;也就是科学与工程实践当中对于计算机建模和模拟的运用。更近一些的时候，可视化也日益尤为关注数据，包括那些来自商业、财务、行政管理、数字媒体等方面的大型异质性数据集合。二十世纪九十年代初期，人们发起了一个新的，称为"信息可视化"的研究领域，旨在为许多应用领域之中对于抽象的异质性数据集的分析工作提供支持。因此，二十一世纪人们正在逐渐接受这个同时涵盖科学可视化与信息可视化领域的新生术语"数据可视化"。本·什内德曼指出，该领域已经由研究领域之中从稍微不同的方向上崭露出头角。同时，他还提到了图形学、视觉设计、计算机科学以及人机交互，以及新近出现的心理学和商业方法。

自那时起，大数据可视化就是一个处于不断演变之中的概念，其边界在不断地扩大，因而，最好是对其加以宽泛的定义。大数据可视化指的是技术上较为高级的技术方法，而这些技术方法允许利用图形、图像处理，计算机视觉以及用户界面，通过表达、建模以及对立体、表面、属性以及动画的显示，对数据进行可视化解释。与立体建模之类的特殊技术方法相比，大数据可视化所涵盖的技术方法要广泛得多。

（三）大数据可视化相关领域

大数据之热度，已无须多言。业内众多关于大数据可视化应用领域的声音与讨论，大多集中在数据应用领域，如数据采集、数据分析、数据治理、数据管理和数据挖掘等。

第一，数据采集。数据采集（DAQ 或 DAS），又称为"数据获取"或"数据收集"，是指对现实世界进行采样，以便产生可供计算机处理的数据的过程。通常，数据采集过程之中包括为了获得所需信息，对于信号和波形进行采集并对它们加以处理的步骤。数据采集系统的组成元件当中包括用将测量参数转换成为电信号的传感器，而这些电信号则是由数据采集硬件来负责获取的。

第二，数据分析。数据分析是指为了提取有用信息和形成结论而对数据加以详细研究和概括总结的过程。数据分析与数据挖掘密切相关，但数据挖掘往往倾向于关注较大型的数据集，较少侧重于推理，且常常采用的是最初为另外一种不同目的而采集的数据。在统计学领域，有些人将数据分析划分为描述性统计分析、探索性数据分析以及验证性数据分析。其中，探索性数据分析侧重在数据之中发现新的特征，而验证性数据分析则侧重已有假设的证实或证伪。数据分析的类型包括：①探索性数据分析是指为了形成值得假设的检验而对数据进行分析的一种方法，是对传统统计学假设检验手段的补充。该方法由美国著名统计学家约翰·图基命名。②定性数据分析又称为"定性资料分析""定性研究"或者"质性研究资料分析",是指对诸如词语、照片、观察结果之类的非数值型数据(或者说资料)的分析。

第三,数据治理。数据治理涵盖为特定组织机构之数据创建协调一致的企业级视图所需的人员、过程和技术。数据治理旨在增强决策制定过程中的一致性与信心;降低遭受监管罚款的风险;改善数据的安全性;最大限度地提高数据的创收潜力;指定信息质量责任。

第四,数据管理。数据管理,又称为"数据资源管理",包括所有与管理有价值资源的数据相关的学科领域。对于数据管理,国际数据管理协会所提出的正式定义是:"数据资源管理是指用于正确管理企业或机构整个数据生命周期需求的体系架构、政策、规范和操作程序的制定和执行过程"。这项定义相当宽泛,涵盖了许多可能在技术上并不直接接触低层数据管理工作(如关系数据库管理)的职业。

第五,数据挖掘。数据挖掘是指对大量数据加以分类整理并挑选出相关信息的过程。数据挖掘通常为商业智能组织和金融分析师所采用。不过,在科学领域,数据挖掘也越来越多地被用于从现代实验与观察方法所产生的庞大数据集之中提取信息。数据挖掘被描述为"从数据之中提取隐含的,先前未知的,潜在有用信息的非凡过程",以及"从大型数据集或数据库之中提取有用信息的科学"。与企业资源规划相关的数据挖掘是指对大型交易数据集进行统计分析和逻辑分析,从中寻找可能有助于决策制定工作的模式的过程。

二、大数据可视化技术

(一)可视化数据挖掘

大多数业务数据都以表的形式组织其信息结构,一张表包含有限的字段(column)的数据。然而,在开始介绍可视化工具和技术之前,有必要对业务数据集做简短的说明。

(二)可视化数据类型

在一个数据集(表或文件)中,字段包含的数据值有两种类型:离散型和连续型。一个离散字段,也称为种类变量,是指相应的数据值记录或行在该字段对应的值的个数是有限的,并且值与值之间是分离的、不连续的。数据类型为字符串、整数或者将连续的数据值分成若干组的字段可以看作离散字段。离散字段数据的值域通常有一个到上百个不同值。如果离散字段的数据值有内在的顺序关系，这种字段也称为顺序变量。例如，一个离散字段只有小、中、大三个值，则可以将它看作顺序变量。

连续字段，通常也称为数学变量或者日期变量，如果一个表的字段称为连续字段，那么这个字段的值域通常在一个数字值的完整区间内，它可能有不确定的值，也具有不确定的值的个数。举例而言，连续字段的数据通常是日期、双精度数或浮点数。连续字段的值域通常有上千个或无限个不同的值。

（三）可视维与数据维

可视维和空间坐标系有关，数据维和业务数据集中字段的数目有关。可视维是指空间坐标系中图形的 x，y 和 z 轴，或指图形对象的颜色、透明度、高度和尺寸。数据维是指包含在业务数据集中的离散或连续字段或者变量。

数据可视化工具被用来创建业务数据集的二维或三维的图形。有些工具甚至能够动态改变一个或多个数据维来展示图形。简单的可视化工具已经使用几个世纪了，比如折线图、柱形图、条形图和饼图。然而，许多行业依靠传统的表格式的报表，来表达大量的信息以及满足交流的需要。近年来，随着新的可视化技术的开发，许多业务人员发现利用很少的可视化图就能取代原先可能需要上百页表格式的报表。有些业务人员也利用可视化视图来扩充和概括传统的报表。可视化工具和技术的使用能够使管理人员快速地部署商业决策，以及更快地获得业务洞察，并且更易于将这些洞察和其他人沟通和交流。

（四）多维数据可视化图表

最普通的数据可视化图表是那些对多维数据进行图形展示的图表。多维数据可视化图表能够让用户直观地在空间坐标系上比较一个数据维（字段的值）和其他数据维（字段的值）之间的关系。图表是数据可视化的常用手段，其中又以基本图：柱状图、折线图、饼图等最为常用。

三、大数据可视化工具

数据可视化是大数据生命周期管理的最后一步，也是最重要一步。要实现合适的数据可视化，不仅要掌握其方式，更要学会选择工具。可视化功能工具大体有两个选择方向。

第一，对于简单易用，只需关注数据而言，则可以提供常规的可视化功能工具，有 Tableau、Microsoft Excel、Google Spreadsheets 等。

第二，若需要更加强大的可视化功能，那么就需要使用编程工具了。常见的有 Processing、VAR-CHART XGantt、AnyMap 和 D3.js 等。

数据可视化工具可以以一种简洁易用的体例将庞大的数据展现出来，正协助越来越多的企业从浩如烟海的庞大数据中理出头绪，化繁为简，生成可看得见的财产，从而实现更有效的决策历程。

四、可视化发展趋势

（一）商业公司预测

大数据可视化分析决策系统服务商数字冰雹公司，向大众展示了大数据可视化分析决策系统的新趋势：大数据可视化不再是静态的仪表盘，也不再是数据的图形展现，而是开启了通过数据交互与数据对话的新时代。数据在大数据可视化系统的作用不再仅仅是呈现，而是被赋予了发现的价值。最新的大数据可视化趋势包括以下三点。

趋势一：多视图整合，探索不同维度的数据关系。

通过专业的统计数据分析系统设计方法，理清海量数据指标与维度，按主题、成体系呈现复杂数据背后的联系；将多个视图整合，展示同一数据在不同维度下呈现的数据背后的规律，帮助用户从不同角度分析数据、缩小答案的范围、展示数据的不同影响。具备显示结果的形象化和使用过程的互动性，便于用户及时捕捉其关注的数据信息。

趋势二：所有数据视图交互联动。

将数据图片转化为数据查询，每一项数据在不同维度指标下交互联动，展示数据在不同角度的走势、比例、关系，帮助使用者识别趋势，发现数据背后的知识与规律。除了原有的饼状图、柱形图、热图、地理信息图等数据展现方式，还可以通过图像的颜色、亮度、大小、形状、运动趋势等多种方式在一系列图形中对数据进行分析，帮助用户通过交互挖掘数据之间的关联，并支持数据的上钻下探、多维并行分析，利用数据推动决策。

趋势三：强大的大屏展示功能。

支持主从屏联动、多屏联动、自动翻屏等大屏展示功能，可实现超清输出，并且具备优异的显示加速性能，支持触控交互，满足用户的不同展示需求。可以将同一主题下的多种形式的数据综合展现在同一个或分别展示在几个高分辨率界面之内，实现多种数据的同步跟踪、切换；同时提供大屏幕触控屏，作为大厅监控内容的中控台，通过简单的触控操作即可实现大屏展现内容的查询、缩放、切换，全方位展示企业信息化水准。

（二）中国计算机协会预测

中国计算机协会（CCF）大数据专家委员会在中国大数据技术大会上发布了《2015大数据十大发展趋势预测报告》。报告一经发布，就受到各界的广泛关注，在微博、微信、互联网上被迅速传播和解读。为了正确理解这个预测，CCF大数据专家委员会对《2015年大数据发展趋势预测》进行了官方解读。

①可视分析是大数据分析的重要方法，能够有效地弥补计算机自动化分析方法的劣势与不足。

②大数据可视化分析将人面对可视化信息时强大的感知认知能力与计算机的分析计算能力优势进行有机融合，在数据挖掘等方法技术的基础上，综合利用认知理论、科学可视化以及人机交互技术，辅助人们更为直观和高效地洞悉大数据背后的信息、知识与智慧。

第八章 位置大数据中的质量探究

第一节 位置大数据面临的质量问题

位置大数据由于来源众多、数据类型也千差万别,会存在各种各样的质量问题,下面详细阐述它们所面临的各种质量问题。

一、GPS 轨迹数据的质量问题

浮动车可以行驶在城市路网的任意地方,具有精度高、实时性强、覆盖范围广、更新速度快、投入成本低等优点。但是,浮动车所采集的数据是以 GPS 设备为载体,而 GPS 信号容易受到干扰。当车辆行驶在地下通道、隧道时,会导致信号接收中断;当车辆运行在树木非常茂盛的区域内,又会造成信号不良;由于仪器故障或其他误操作,使得 GPS 设备将不能正常工作,这些情况都会影响 GPS 的数据质量。总体来看,GPS 数据的质量问题可分为如下几类。

(1)数据缺失

数据缺失是由于 GPS 设备受到干扰或者通信异常,造成部分数据无法接收或者正常获取,从而产生缺失问题。在某些情况下,车辆行驶方向取值为空,如果这类数据不影响最终的业务分析,此错误可以忽略不计。但是,如果一些核心属性,如经纬度、行驶时间或者运行状态字段值为空时,就会对后续分析产生影响,这时候,需要剔除此类数据或者进行数据修复。

(2)数据异常

GPS 轨迹数据异常包括:速度异常、经纬度异常、时间错误和车辆运行状态异常。速度异常是指在正常行驶过程中,GPS 轨迹记录包含的瞬时速度为 0 或者超过可能最大值。通常,速度为 0 的数据可能是车辆遇到交通严重阻塞、等待绿灯通行、停靠路边或者停车加油时产生的,在这些情况下,取值为0值是正常的。除此之外,数据取值为0则表示GPS信号不佳或者其他不确定性问题产生的异常数据。在城市中行驶的出租车,速度一般不会超过120 km/h(高速公路除外),如果超过这个限制,则表明速度取值异常。经纬度异常表示坐标产生越界问题。在某些情况下,2条轨迹数据会出现时间取值相同,但经纬度坐标不同,即同一车辆在同一时刻出现在不同的地点,这显然是时间冗余错误数据。出租车的运行状态一般为"空车"或"载人"两种状态,分别由0和非0表示。有的出租车数据运行状态几乎全天显示为0或者非0,而其他字段数据是正常的。那说明出租车处于非运营状态或者GPS设备故障,可以剔除这些数据。

(3)经纬度和时间数据无变化

有时候在1天的运营过程中,出租车会出现经纬度和时间数据无变化,这有可能是GPS设备故障造成的,也需要剔除这些数据。

(4)数据漂移

数据漂移是指采集时间很接近的轨迹数据出现方向变化过于频繁,一会向东,一会向西;或者在很短的时间间隔内,两个位置之间的距离达到50 m以上(速度为180 km/h)。单一的记录很难发现数据漂移,需要考虑连续的几条记录才能判断这个问题。

二、签到数据的质量问题

新浪微博的签到流程为:用户选择签到功能,从位置列表中选择所在地点或者自己创建一个新位置,然后输入微博内容并发送。这样,用户创建的一条签到数据就形成了。签到数据中存在质量问题较多的是信息点(Point Of Interest,POI)数据,主要问题如下所示。

(1)数据缺失

POI的地址和电话是最容易出现数据缺失的两个属性值。许多POI点对应的这两个属性值常常显示为"None""NULL!"或者"null",表示存在数据缺失现象。

(2)数据异常

数据异常是指存储在文件或者数据库中的属性值与实际情况不符,这一类异常表现为以下几方面。

第一，经纬度明显超出目标地区的经纬度范围。

第二，POI 名称存在错别字。如将 POI 名称"白鱼口公交站"写成"白渔口公交站"。

第三，地址或者电话号码错误。如有昆明市的两个 POI，它们的电话号码分别为"0871-86668888666999"和"0875-68523333"。前面的电话号码问题是电话位数为 14 位，比标准位数多了 8 位；后面是区号的问题，昆明市正确的区号应为 0871。

（3）数据不完整

数据不完整是指 POI 名称或者地址信息没有按照标准规范输入。例如，POI 名称标识为"昆明""昆明市"和"收费站"，这 3 个名称的长度都很短，而且是代表很大的地理范围或者一种类别，让使用者无法识别。标准的地址信息应该表示为：省—市—区—路—门牌号，而地址"昆明西园路"就属于信息不完整。

（4）数据不一致

POI 数据会存在一类异形数据，即对于同一个地理实体，有时会有多种不同的称呼方式，其中包括地理实体的标准名称、俗称、别称等。例如，"复旦大学逸夫楼"这一条信息，其标准名称为"复旦大学逸夫楼"，而同时又存在"老逸夫楼""逸夫楼"的别称。

三、手机定位数据的质量问题

手机用户在出行时，经常会从一个区域移动到另一个区域。每次发生手机跨区切换时，会将相关数据传至基站系统（BSC），同时上报移动业务交换中心（MSC）。通过监测 A 接口的信令，对 SS7 信令进行解析，可获得手机发生切换的数据。手机定位数据的质量问题包括以下几个方面。

（1）基站位置误差

手机数据采用基于基站小区的定位技术，通过位置区编号和基站小区编号表示位置。但由于基站小区覆盖一定的空间范围，相对移动用户的真实位置，基站小区定位技术本身存在一定的偏差，市区偏差 50—300 m，郊区偏差 100—2 000m。

（2）经纬度数据缺失

原始的手机信令数据并不包含经纬度信息，由地区区域码（Location Area

Code，LAC）和CELLID结合起来可以唯一标识基站小区，因此，利用这两个属性就能识别出某条信令数据的经纬度坐标。但在转换过程中，可能存在一部分手机信令数据缺少相应的经纬度坐标情况。

（3）乒乓切换

乒乓切换的概念是手机在服务小区和相邻小区来回进行切换（Hand Over）的现象。由于切换过程采用偷帧发送切换命令，连续的偷帧导致话音质量极不清晰，影响用户使用体验。对应到具体的数据，是指CELLID在很短的时间内频繁地进行切换，导致数据噪声和数据冗余。

（4）数据漂移

在某些情况下，手机信号会突然从邻近的基站切换到相对较远的基站，并在一定时间之后切换回邻近基站小区，这种现象就是信号漂移，产生的数据为漂移数据。产生漂移现象的原因非常多，主要原因有两个：一是无线信道传播特性引起的无馈系统信号漂移；二是基站设备、环境问题或手机问题引起的信号漂移。

（5）长时间静止的数据

长时间静止数据产生的原因是由于移动手机用户在一段较长的时间内处于某一个固定的场所，因而产生大量的冗余定位数据。从数据本身来说，它们没有质量问题。如果某一应用场景需要对运动状态下的手机数据进行分析，那这类数据就成为噪声数据，需要剔除。

四、智能公交IC卡数据的质量问题

在许多交通应用中，公交IC卡数据常常被用于分析居民的出行行为。居民乘坐公交车完成一次出行目的的乘车路径称为一次公交出行，是由居民第一次刷卡站点作为出行起点至最后下车站点作为出行终点的全过程。其间可能经历换乘，刷卡站点即为换乘站点，但是到换乘站点的出行只能称为乘坐了一次公交车。在此应用场景下，公交IC卡数据的质量问题主要有以下几点。

（1）出行数据缺失

由于国内大部分城市的公交线路采用的是一票制收费模式，因此公交IC卡数据一般不包括上车站点信息，而且用户下车时通常不用刷卡，造成用户的一次公交出行数据中只有上车刷卡的时间，缺失上车的站点信息、下车时间和站点信息。

（2）POS 机时间"漂移"

国内一些城市的公交 IC 卡时间以车载 POS 机的系统时间为基准，但 POS 机时间会存在"漂移"现象，即时间不准确，因此需要对公交 IC 卡的时间进行校正。POS 机时间漂移会使换乘时间计算错误，影响换乘优惠。

（3）AVL 数据错误

车辆自动定位（Auto Vehicle Location，AVL）数据泛指公交车辆运行过程中车载自动定位系统采集的车辆位置数据。该位置数据既可以是具体的经纬度位置，也可以是公交站点等地标。在许多城市，公交 IC 卡收费系统和 AVL 系统可以结合在一起应用，为分析包含换乘行为在内的公交乘客出行特征提供了全新的途径。

由于公交 IC 卡数据普遍缺少上车的站点信息、下车时间和站点信息，借助 AVL 数据可以计算出缺失的数据。AVL 系统主要依靠里程计数来获得正确的定位信息，如果里程计数失效，那么导航系统只能采用 GPS 传感器采集的信号来定位，但 GPS 传感器容易受到干扰。因此，如果 AVL 数据本身不准确，那推断出的 IC 卡数据也是无效的。

五、OSM 数据的质量问题

地理数据主要包括空间数据、属性数据及时域数据三个部分：空间数据描述地理对象所在的位置，包括绝对位置（如大地经纬度坐标）和相对位置关系（如空间上的相邻、包含等）；属性数据是描述特定地理要素特征的定性或定量指标，如公路的等级、宽度、名称等；时域数据是记录地理数据采集或地理现象发生的时刻或时段。空间、属性及时域构成地理空间分析的三大基本要素。

公开地图（Open street Map，OSM）数据的获取与传统数据获取方式存在较大差别，其数据采集和地图绘制是由缺乏足够的地理信息知识和有效培训的非专业人员进行的，其中存在一定的人为误差；而且采集的数据可能来自不同的数据源，具有不同等级的精度；此外，不同采集者使用的 GPS 设备不同，不同的 GPS 采集到的数据的精度也存在一定的差异。因此，OSM 数据集存在如下的质量问题。

（1）地图数据缺失

OSM 数据主要是由非专业的志愿者自发提供的，因此不能保证专业测绘地图中出现的全部信息（如公园、娱乐场所、生活小区、绿地、公路等）都能对应出现在 OSM 中。相比较而言，国外志愿者的人数远多于国内志愿者，提供的地图数据远比国内的数据丰富。以昆明市的 OSM 数据集为例,二环区域内有 662 个多边形要素(特指公园、医院和建筑物等),而相应区域内的 OSM 只有 527 个多边形要素。

(2)位置不准确

地理信息中用点、线、面三个要素来表示位置信息。在 OSM 数据集中,点要素可以表示加油站、火车站、飞机场等;线要素主要表示地图中的公路、铁路、河流等;面要素主要表示地图中的建筑物、其他人为占用土地以及自然事物绿地、河流、湖泊等。受制于采集人员和采集设备的制约,这三个要素都会存在一定程度的误差。对于点要素来说,GPS 经纬度出现偏差是最常见的错误;线要素的位置错误表现为线要素没有完全落在真实对象的缓冲区范围内;至于面要素(多边形要素),其几何中心出现偏移则是较为明显的错误。

(3)要素信息不完整或缺失

在 OSM 数据集中,地理信息包括空间位置信息与属性信息,属性信息存储除了空间位置信息之外的所有信息。以道路属性为例,其基本属性包含:名称、长度、宽度、道路等级(国道、省道、高速……)、车道数、是否单行路及单行方向,以及道路限速等。志愿者在对道路数据编辑时,不一定能提供所需的全部基本属性,从而造成部分要素信息的缺失。

(4)一致性错误

OSM 数据集中的一致性包括逻辑一致性、拓扑一致性和属性一致性,是用来描述数据结构、属性、逻辑关系以及拓扑的符合程度。其中,数据结构最容易在拓扑上出现错误。对于点拓扑来说,常见的错误包括:点未出现在多边形的边界上,点没有位于线上以及点要素没有全部落在多边形内部。对于线拓扑来说,常见的错误包括:不同线要素之间出现重合或交叉,出现悬挂节点和伪节点,一个线要素被自己覆盖或者自交叉等。对于面拓扑来说,常见的错误则为:多个不同的多边形要素相互重叠,连续连接的多边形区域中间出现空白区,两个多边形层上的多边形存在一对相互覆盖的要素等。

第二节 位置大数据质量评估模型

位置大数据来源于不同的领域,数据格式也存在较大差异,所以需要根据各种位置数据的特征分别建立各自的质量评估维度和评估模型。本节主要以 GPS 轨迹数据、签到数据、手机数据和 OSM 数据为例进行介绍。

一、GPS 轨迹数据的质量评估模型

GPS 轨迹数据的应用场合非常广泛，不同的应用对质量需求也不完全一致。从基础数据层面来看，质量评估对象包括经纬度坐标、时间、速度、方向这四个属性；从轨迹数据应用层面来看，评估对象则为每辆车的轨迹信息；从路段层面来看，每条路段上获取的数据则成为评估对象。依据 GPS 处理交通信息的技术原理，可选取数据的准确性、完整性和一致性为数据质量评估要素进行评估。下面介绍这些质量维度所对应的评估模型。

（1）准确性评估

准确性评估主要是对 GPS 的基础数据以及路段行程时间、平均行程车速和交通状态与实际路测值，即真实值之间的差异进行测评。由于实际路测值较难获取，因此，可以采用历史数据的统计结果作为实际值。

（2）完整性评估

完整性评估用来反映一条路段的重要程度，路段越重要，其上出现的 GPS 轨迹点的质量就越高。如果某条路段出现的数据点数较多或者车辆数较多，则表明该路段是热门路段。

二、签到数据的质量评估模型

签到数据具有冗余大、精度低、信息格式不标准和数据缺失等质量问题，下面主要介绍在签到过程中所形成的 POI 的质量评估，采用的质量评估维度为完整性和准确性两个方面。

（1）完整性评估

完整性可用来判断签到数据中存在的两种信息缺失错误：第一类错误，POI 的名称不完整或者数据缺失；第二类错误，由于签到者的疏忽，在已有某标准签到点的情况下，创建了一个指代同一地物且信息缺失的签到点。以昆明市签到数据为例，POI 的名称会出现"昆明""昆明市""中国电信"等不规范的记录；同时，一些 POI 缺少电话号码和地址。这些情况都属于第一类错误。"昆明市南部汽车客运站"是一个标准的签到点，但是又出现另外一个异形同义的名称"昆明南站"，这种情况就属于第二类错误。

（2）准确性评估

准确性可用来评估签到数据的各项属性是否正确。在签到数据中，属性取

值准确与否需要借助标准数据集进行判断。国内一些专业测绘机构，如高德地图、四维图新都提供全国范围POI对象数据集，可将它们作为标准数据集加以使用。

三、手机定位数据的质量评估模型

针对手机定位数据的特征，使用完整性和准确性两个质量维度对手机定位数据进行评估。

（1）完整性评估

由于信令系统记录错误，会产生少数的数据缺失情况，完整性可用来判断手机定位数据中是否存在字段值为空的数据。

（2）准确性评估

对于手机定位数据来说，由于没有可对比的标准数据集，所以准确性主要用来评估修改和去掉噪声数据后剩余的准确数据，所谓噪声数据是指乒乓数据、漂移数据和长时间静止的数据。在质量评估过程中，乒乓数据将执行修改操作，漂移数据和长时间静止的数据将执行删除操作。要判断乒乓数据，需要连续的三条定位数据。

四、OSM地图数据的质量评估模型

OSM地图数据并没有一个通用的评估模型，现有研究主要按照四个质量维度来建立评估模型和评估方法，它们分别是数据完整性、位置精度、属性精度和一致性。下面介绍这些质量维度所对应的评估模型。

（1）完整性评估

完整性评估主要是检查OSM要素、要素属性和要素关系是否存在或缺失，可以从多边形面积和线完整性两方面进行评估。

第一，多边形面积完整性。多边形要素的完整性体现在其面积大小上，可以通过对比OSM数据集中的多边形对象与真实对象之间面积差异来分析多边形区域完整程度。多边形要素的完整程度用面积差异率来体现。

第二，线完整性。线完整程度分析方法可以用来分析待评估数据集中线要素的数据完整性。这种方法通过计算线要素的总长度，并将其与真实对象长度进行对比来衡量是否所有真实对象都完整反映在评估数据集中。

（2）位置精度评估

位置精度用来评估要素位置的准确程度，可以从线缓冲叠加、多边形圆度和多边形近距离三个方面进行评估。

第一，线缓冲叠加。线缓冲叠加分析可以有效地评估线要素的位置精度。它将线要素真实对象通过设置缓冲区（即可以接受的误差范围）的方法转变为多边形要素，再将评估数据集的线要素与之叠加，落在缓冲区中的线要素的长度百分比表示线要素对象与现实对象之间的吻合程度。

第二，多边形圆度。圆度通常用来描述形状，是一个用来衡量多边形边界不规则程度的参数。为量化评估数据集中多边形要素的形状，采用计算多边形圆度的方法。

第三，多边形近距离。多边形的位置精度不仅包括其形状的准确程度，也包括其地理坐标的准确程度。多边形近距离是用来分析待评估数据集多边形对象与真实对象之间的空间位移，位移越小，说明待评估数据集的地理坐标位置越准确。常用的方法是通过计算参考多边形与评估多边形的几何中心距离。

（3）属性精度评估

属性精度是指地理数据对象的属性信息与其所代表的真实对象相符合的程度。属性精度包括地理数据中所有属性信息的准确性以及完整程度，而名字字段是属性中最重要的内容。由于 OSM 数据集与参考数据集在属性方面存在结构和精度上的差异，因此评估两者的名字字段具有一定可行性。

（4）一致性评估

由于空间拓扑一致性在地理数据一致性检验中占据重要地位，因此，这里主要介绍拓扑一致性的描述模型。目前，国际上大多采用基于相交的模型对空间拓扑关系进行描述，该模型是建立在点集拓扑理论的基础上，采用统一的形式化方法描述，包括面—面、面—线、面—点、线—线、线—点、点—点等多种形式的空间关系。

五、基于云平台的位置大数据质量评估系统

位置大数据来源广泛，数据格式差异性较大，很多位置数据包含大量的冗余、错误和噪声，"大而低质量"的数据往往影响了后续的决策分析和应用实施。因此，本书提出了一个新颖的位置大数据评估系统，并命名为 LDBAssessing。该系统基于 Storm 云计算平台，可以读取和存储不同来源的位置数据，实现数

据质量评估。LDBAssessing 主要分为数据集成、数据剖析、数据质量维度选择、评估模型建立和数据质量评估这五个功能模块。

（1）数据集成

数据集成模块负责采集来自不同领域的位置大数据，并将它们存储在云计算平台的数据库和文件系统中。LDBAssessing 系统可以支持多种来源的位置数据。例如，出租车 GPS 轨迹数据、手机定位数据、签到数据和智能公交卡数据。许多位置大数据的应用都需要用到城市路网数据，因此，它们也必须作为初始源数据提供给系统。

（2）数据剖析

数据剖析模块负责统计与数据质量相关的信息，其主要任务包括：值域分析、基数分析、类型检测、数据分布、波动检测等。根据数据剖析的结果，可以为不同的数据源选择合适的数据质量评估标准和质量基线。

（3）质量维度选择

质量维度选择模块负责确定各种位置数据在评估中所对应的质量维度。质量维度选择来自实际业务需求和数据剖析的结果。

（4）评估模型及方法建立

评估模型及方法建立模块负责对各类位置数据的特征进行分析，根据分析结果和所选择的质量维度及其评估指标，建立评估模型。

（5）数据质量评估

数据质量评估模块负责根据选择的质量维度、评估模型和评估方法来执行评估操作。整个评估操作将在 Storm 云平台上进行。数据质量评估结果将与质量基线对比，如果结果满足基线要求，则数据质量可以接受并执行后续处理；否则，将执行数据清洁操作。数据清洁完成后将再次执行质量评估，若符合基线要求，则保留数据；否则，从数据源选择新的数据并继续评估。

第三节　位置大数据质量控制

位置大数据的质量控制主要围绕着数据清洁和质量保证两方面进行，其目标是从技术层面和管理层面提高数据质量，为后续的数据分析和数据挖掘提供高质量的数据。

一、位置大数据清洁

由于位置大数据来源广泛、应用领域多种多样，因此数据清洁方式也不完全一致。

（1）拼写错误的清洁方法

位置大数据的拼写错误一般是通过拼写检查器来检错和纠错，这是一种基于字典搜索的拼写检查方法。拼写检查器能够快速发现英文单词的错误，但是，对于中文单词的检错和纠错的效率却不太高，需要配合人工检查一同进行。

（2）空缺值的清洁方法

位置大数据空缺值的清洁方法包括：忽略或删除元组；人工填写空缺值；使用一个全局变量填充空缺值；使用属性的中心度量（均值、中位数等）；使用与给定数据集属同一类的所有样本的属性均值、中位数、最大值、最小值、从数等；使用回归、贝叶斯方法或决策树归纳等方法填充空缺值。

（3）重复数据的清洁方法

重复数据的清洁方法一般为删除处理，但需要分析不同的情况。以 GPS 轨迹为例，一种情况是数据记录所有属性值完全相同，只需要保留一条记录，而将其余数据记录删除即可；另外一种是数据记录中浮动车信息、时间完全相同，而所处的地点，即经纬度不同，这显然是错误数据，对重复的记录保留唯一记录即可。

（4）不一致数据的清洁方法

不一致数据的清洁方法通常采用语法分析和模糊匹配技术来完成数据的清理。以签到数据中 POI 的地址属性为例，规范的中文地址信息应该为"省（自治区、直辖市）+市+区（县）+详细地址"四项信息，但是签到数据中的许多地址信息并不符合这一规范。为了清洁地址数据，首先要建立一个标准的地址数据集。例如，从国家统计局下载最新的行政区划代码并创建标准数据集。接着，利用标准数据集判断省、市、区这三者信息是否有效，若存在不一致的数据问题，则进行规范化处理。最后，对地址进行排序，利用近排序算法将详细地址聚集在一个较小的窗口内，并对窗口内的地址进行匹配和清洁。

（5）噪声数据的清洁方法

位置大数据中的噪声数据清洁的常用方法包括：删除或者忽略；用噪声数据属性值的周围值来平滑属性的值，即用平均值、中值、从数、边缘值等来替换出错的属性值；采用回归法生成的拟合数据来平滑数据；计算机和人工检查相结合，先用计算机检测可疑数据，然后再对它们进行人工判断。

二、位置大数据质量控制

除了通过数据清洁来提升轨迹数据质量外，还可以在获取数据、数据整合和数据分析阶段，监控关键指标的波动情况，及时发现异常数据并处理以保证数据质量。此种方式需要在关键数据流位置部署数据质量管理模块监控节点，监控节点负责周期性提取待检测的指标数值，若数值范围超过正常阈值，则通过电子邮件或者短信方式向维护人员推送告警信息，启动数据质量风险预防机制。

（1）位置大数据实时审核

从多种途径采集到的实时位置大数据首先导入 Storm 云计算平台，接着对这些数据执行质量检测。经过实时审核后的正常数据直接存储在业务数据库或者 HDFS 中，而识别出的可疑数据和错误数据将保留其原始记录，并存入临时数据库中执行后续处理。检测过程中所需的数据质量维度和审核规则来自数据质量知识库。位置大数据的实时审核分别针对数据的完整性、准确性和一致性进行检查。由于某些位置大数据（如 GPS 轨迹数据）的准确性判断需要使用实际路测值，但该值较难获取，因此，可以采用历史数据的统计结果作为实际值。

（2）问题数据即时告警

系统一旦监测到问题数据（可疑数据和错误数据）的存在，将自动触发告警功能。告警信息通过电子邮件或者短信等方式及时通知数据质量控制人员，同时，问题数据将保存到临时数据库中等待处理。如果告警信息未得到及时处理，告警将一直持续；如果告警信息被关闭，系统将每隔一定时间启动告警。

（3）问题数据处理

数据质量控制人员接收到告警信息后，就从临时数据库中提取问题数据进行核实。如果是重复数据，则直接删除；如果是错误数据则直接删除或者修正；如果是其他问题的数据，则进一步分析和处理。在处理问题数据时，可以采用人工方式或者利用数据清洁软件自动处理。经过处理并符合质量标准的数据将从临时数据库转存到业务数据库或者 HDFS 中。此外，问题数据的产生时间、产生原因和解决方法还将写入数据质量知识库，实现历史经验沉淀。

三、OSM 地图数据质量保证

OSM 质量保证工具有助于产生高质量的 OSM 数据。通常，为了实现这一目标，这些工具可以提供数据中存在的一个问题列表，接着使用编辑工具来修复这些问题。存在的问题要么在规则和数据分析基础上自动检测出来，要么是通过工具提供人工报告的方式进行处理，或者是这两种方式的组合。常用的质量保证工具包括：漏洞报告工具、错误检测工具、可视化工具、监控工具、帮助工具和标签统计。

第九章 云计算与大数据安全

第一节 云计算安全

在这场云计算时代的变革中,越来越多的信息化产品正朝着云计算方向进行迁移或者被创造出来,整个应用及部署模式发生了改变,数据和应用更多地被放在了云计算中心或者说是云服务提供商那里,人们的使用行为也变成了共享模式行为。然而在这样一个更加开放以及集中化的"云计算生态环境"下,将带来比传统 IT 信息化过程更大的安全问题,摆在政府机构、企业单位、开发者和普通用户的面前,比如非法用户入侵,云计算的审计功能还不够完善,用户数据并不能透明化,数据恢复难度也很大,相应的网络违法事件也在增多等问题都迎面而来。我们应该以一个科学的态度面对这样一个重大问题,应该在发展云计算的同时,加大对安全标准、安全法规以及安全策略的研究,同时也要培养人们使用云服务的安全防范意识,构建一个良好有序的"云计算生态环境"。

一、云计算安全问题分析

面对云计算安全问题,不能过分夸大,也不要对云计算彻底失望,而是要以客观科学的态度分析问题并解决问题。云计算安全问题是一个伴随任何 IT 技术都需要面对的普遍问题,只是云计算的这种集中式模式一旦出现安全问题,造成的损失更大。

大家知道,云计算是一个"云计算生态系统",可谓包罗万象,从部署方式上分为私有云、公有云以及混合云,那么三种网络环境不同,所面临的安全问题不同,涉及的用户也不同。从网络的不同端来看,从各种客户端(电脑、手机终端、IPAD、电视机顶盒等智能设备),到网络传输,再到云服务提供商的运营环境，都伴随着安全隐患问题。

（一）终端用户安全问题

作为终端用户，这里不仅是大家所用的电脑设备，还包含了其他所有的智能设备，这是一个更加广义上的概念。因为云计算的发展非常迅速，很快便会渗透到大部分的智能设备中，这也正符合了云计算的特性（广泛的访问能力），将会带给我们更多的便利，使我们享受无处不在的服务。然而在这背后，也带来了很多的安全隐患。当然这些安全问题不仅仅是在云计算环境中才有的，而是一个普遍问题。在云环境中，仅通过浏览器等工具只要能上网就可获取云服务，然而浏览器本身就存在许多漏洞，据统计有关 Web 的安全事件占电脑安全事件的比重大于 60%，如木马的主要传播方式是网站挂马与跨站攻击，当用户浏览植入木马的网页时，木马从浏览器来到用户的电脑上，在我们操作网络的简单动作中很容易就有触发木马的危险；还比如在浏览器里的视频控件中存在一个漏洞，黑客可在用户使用 IE 浏览器时，无须用户任何操作就能获得用户电脑的本地控制权，当然针对这个漏洞微软也已经发布了补丁，并在以后的版本中解决了这一问题。除此之外还有很多的第三方控件也存在问题，比如 2008 年的机器狗、磁碟机都是通过第三方控件来达到传播目的的。另一个威胁还有跨站攻击，这是指攻击者利用网站程序对用户输入过滤不足，输入可以显示在页面上对其他用户造成影响的 HTML 代码，从而盗取用户资料、利用用户身份进行某种动作或者对访问者进行病毒侵害。有时很多的网络诈骗就是通过浏览器进行的，比如模仿购物网站，要求输入相应的账号信息，从而进行诈骗活动。面对这些浏览器安全问题，需要做很多防范措施，比如选择较为安全的浏览器，养成良好的上网习惯，注意保护自己的账号信息，一般来讲需要部署安全软件，如防病毒、个人防火墙等软件。还有就是手机病毒，随着人们使用智能手机越来越普遍，相应的手机病毒也越来越多，比如手机木马"短信海盗"，就是通过伪装成手机应用软件被用户安装到手机里的，中毒之后，会不停地自动发彩信，还有的病毒绑定在一些炒股软件里，这种病毒会监控手机里的按键信息从而达到盗取账号密码的目的。上面列举了一些电脑及手机的安全问题，这些问题的根源往往是通过网络来传播的，那么对于通过网络来传播云服务的云计算环境，就要求我们要有更强的防范意识。

（二）SaaS 层的安全问题

通过前几章的探讨，我们应该能清晰地理解 SaaS、PaaS、IaaS 三层服务模型的概念，它们在云计算环境中的位置，以及它们所面对的用户或者与用户的相关性都有哪些。由以上可知，SaaS 层是软件即服务的概念，是运行在云计算基础设施上的应用程序，它是和普通用户联系最为密切的一层。因为用户是在自己的终端设备上通过浏览器来享受这些服务的，而不用考虑这些应用是如何在浏览器中运行的，这个应用软件又是如何调度远程云服务提供商的云计算基础设施如网络、服务器资源或者存储什么的，或者说这个 Web 应用程序是如何运算或者负载处理请求的。以上这些和 SaaS 层的关系不大，而是交由 PaaS 层和 IaaS 层去做，用户只关注自己的业务即可。但是在这样的模式下，也会有很多的问题，在上一节中我们知道了浏览器的漏洞等一些安全威胁，这提醒我们在使用这些应用时一定要注意保护，比如我们的浏览器的安全等级、cookie 安全、会话安全、网络传输数据过程中的数据是否被加密、会不会被别人监听，同时这些网络应用是否有某些安全保障，都需要注意。当然 SaaS 提供商应该做到最大限度地确保提供给客户的应用程序和组件安全。客户通常只负责操作层安全功能如用户和访问管理，所以选择 SaaS 提供商需特别慎重，目前对于提供商评估通常的做法是根据保密协议，要求提供商提供有关安全实践的信息。所以我们要选择一些好的有诚信的云服务提供商发布的一些 SaaS 产品，因为他们的产品往往经过了设计、架构、开发、黑盒与白盒应用程序安全测试和发布管理，甚至请第三方安全厂商进行了渗透测试（黑盒安全测试）。

（三）PaaS 层的安全问题

PaaS 服务层面对的用户一般是开发者用户，开发者通过 PaaS 平台提供的各种服务来开发网络 SaaS 应用产品提供给用户，那么这一层有时感觉像一个中间者的形象，实际却不是这样。开发者开发应用是借助 PaaS 平台提供的相关 API，如连接数据库 API，或者负载缓存 API 等，和 SaaS 层一样不用考虑云基础设施的问题。这就要求开发者要考虑到 PaaS 平台自身是否有漏洞，也就是说开发人员应该从对用户负责的态度来着想，即开发的这款应用会不会在选择的 PaaS 平台这一层面上就有问题，一般要求开发人员能对 PaaS 有一个充分认知，要能获取到 PaaS 平台提供商在某些安全方面的相关保证。一般开发者不会全部使用 PaaS 平台提供的 API 来开发应用，需要加入自己的逻辑或者自身的业务组件，那么这就对开发者有了要求，即一方面需要对应用进行细致设计，来确保使用应用的所有用户都能被证明是真实可靠；另一方面需要应用适当的数据和应用许可制度，来确保所有访问控制决策都是基于用户授权来制定的；再就是需要对自己的产品负责任地进行各种安全性检查之后才能发布，也就是说不仅是产品功能性方面的问题，更要注重的是产品性能测试和产品安全防御测试。在当开发者所在的开发商进行了一定的测试后，PaaS 平台提供商也需要有相应的测试环节进行各方面的测试及筛查，要能过滤掉不符合测试要求的软件产品及一些色情或者破坏网络秩序的软件。从安全的角度讲，这意味着系统批准的访问权限太多。

上面提到的是开发者用户的问题，下面来分析 PaaS 平台提供商的问题。

PaaS 提供商通常都会负责平台软件如运行引擎的安全，如果 PaaS 应用使用了第三方应用、组件或 Web 服务，那么第三方应用提供商则需要负责这些服务的安全。因此用户需要了解自己的应用到底依赖于哪些服务，以及对第三方提供商的风险评估。到目前为止，云服务提供商借口平台的安全使用信息会被黑客利用而拒绝共享。尽管如此，客户应尽可能地要求云服务提供商增加信息透明度以利于风险评估和安全管理。在 PaaS 的服务模式中，最核心的安全原则就是多租户应用隔离。云用户应确保自己的数据只能有自己的企业用户和应用程序访问。同时，一般提供商在多租户模式下都会提供"沙盒"架构，如在 PaaS 产品中，Google App Engine 和 Sina App Engine 中都有沙盒模型，这种结构模型集中维护客户部署在 PaaS 平台上应用的保密性和完整性。云服务提供商负责监控新的程序缺陷和漏洞，以避免这些缺陷和漏洞被用来攻击 PaaS 平台和打破"沙盒"架构。

在多租户 PaaS 层，还要注意的威胁是 SSL 攻击。SSL 是大多数云安全应用的基础。目前，众多黑客社区都在研究 SSL，或许 SSL 将成为一个主要的病毒传播媒介。用户必须要确保自己有一个变更管理项目，在应用提供商指导下进行正确应用配置或打配置补丁，及时确保 SSL 补丁和变更程序能够迅速发挥作用。

云用户部署的应用安全需要 PaaS 应用开发商配合，开发人员需要熟悉平台的 API、部署和管理执行的安全控制软件模块。开发人员必须熟悉平台特定的安全特性，这些特性被封装成安全对象和 Web 服务，开发人员通过调用这些安全对象和 Web 服务实现在应用内配置认证和授权管理。对于 PaaS 的 API 设计，目前没有标准可用，这对云计算的安全管理和云计算应用的可移植性带来了难以估量的后果。

（四）IaaS 层的安全问题

我们知道 IaaS 层提供的服务既不是像 SaaS 层提供给普通用户的应用软件服务，也不是提供 PaaS 这样的开发平台服务，而是提供核心计算、网络、存储等基础架构服务，在此基础上来构建 PaaS 服务和 SaaS 服务。不管是对公有云或者私有云来讲,在这一层的安全问题相对前两层更加重要,因为这可以说是处于服务层的最底层,它的威胁往往造成的危害更大,如在本章开头所提出的几个公有云的重大安全事件大部分都是在这一层出现的问题,系统一旦宕机或者出现安全漏洞泄密之类的事件往往会伤害很大一批上层用户,造成的损失不可估量。

第一,IaaS用户的访问控制机身份认证。为了获得一个高效的数据丢失防护方案,还需要强健的认证和授权方法。在这里需要知道用户是谁,并控制其访问数据的权限,根据他们的身份确定执行的功能,业界都认可用户名和口令并非最安全的认证机制。应当考虑对需要限制的所有信息实施双因素或多因素认证,对IaaS云方案的每一个供应商的信任水平建立分等级的访问策略。

第二,数据安全。数据对于所有使用云计算的企业及用户来讲可以说是满足应用的"血液",它的安全性非常重要,在云环境中这些数据被存储在了云计算中心。云计算这种全新的服务模式将资源的所有权、管理权及使用权进行了分离,因此用户失去了对物理资源的直接控制,会面临与云服务商协作的一些安全问题,这就使云计算IaaS对数据的存储及安全管理等方面要求很高。同时,越来越多的数据存于"云"中,就意味着有越来越多的数据将被滥用。对于企业来讲,如果一些机密资料被盗,对企业的危害非常大,这也是很多企业至今不敢尝试云计算的原因。IaaS层的资源池更多的是采取虚拟化技术,虚拟机间的隔离和安全防护就是必须要考虑的。虚拟通信流量对标准网络安全控制来说是不可见的,无法对其进行监控和检测,那么安全控制功能就需要在虚拟化环境中采用新的技术和手段。同时数据和资源的集中是否安全,不同安全级别虚拟机该如何共存等问题将得到更有效的解决。

第三,运维管理及审计。要强化运维管理的重要性,确保所有的操作过程都能够被监控到,要有完整的日志和报告体系。比如虚拟机自动转换并且在服务器之间动态地进行迁移,为了跟踪信息在哪里、谁访问信息、哪些机器正在处理信息、哪些存储阵列为信息负责等。日志报告同时对于服务的管理和优化非常重要,在遭受安全损害时,其重要性更为明显。务必确保记录所有的计算、网络、内存和外存活动,并确保所有的日志都被存储在多个安全位置,且极端严格地限制访问。同时,如果没有很好的审计标准也会产生云服务的安全性问题,云计算服务商必须遵守各种不同的IT流程控制和管理需求,包括外部需求和内部需求。可以通过联合的合规工作以处理这些需求,使用更加统一和有效的方法来提高效率并满足合规性,同时实现不同云计算间的无缝互通。而目前各类云计算标准还很缺乏,使得企业改变云服务商变得非常困难。同时,云计算服务提供商应当提交审计和安全方面的证书，确保对方履行约定的承诺。

第四，物理设施安全。我们所讲的 IaaS 是作为服务模型提供给用户的，因此将物理设施安全包含在这个模块显得不太合理。然而物理设施是部署在云服务提供商那里，是因这些物理基础设施的安全运行才满足了在这上面的云计算技术提供的基础设施服务的运营，也就是说这是基础，它的安全性是非常重要的。前面所列举的那些重大宕机事件往往是由于这些物理设施出现了问题，它们一旦出现了故障就是基础性的破坏问题。由此，数据中心的电力系统是否安全，会不会遭受到恐怖主义的破坏，网络设施能不能确保安全运行，都是我们不得不关注的问题。

二、云计算安全问题应对

云计算安全问题是一个涉及公信力、制度、技术、法律、人们的使用习惯甚至监管等多个层面的复杂问题，也是用户关注的焦点问题。云计算安全性问题的解决，需要用户不断转变固有观念，更需要云服务的提供商、云服务开发商做出努力，从技术架构、安全运营、诚信服务大众等各个方面建立更具公信力、更安全的云服务。在技术层面上，云计算安全问题的每种安全威胁都有相对应的技术加以解决，其难点在于统一的安全标准和法律法规，以及让服务提供商、开发商、政府机构以及普通用户认清云计算安全问题威胁的严重性，努力营造一个有序的规范的健康的云生态环境，使人们可以正确地思考自身云服务需求或者满足各方面利益需求。

（一）云计算安全标准及法律法规

云计算是一项新兴技术，这项新技术目前正处于过热炒作阶段，虽然已经有越来越多的云计算产品在满足用户的需求，但其在标准规范、安全约束等方面还处于初期阶段。国内外的发展水平也不尽相同，特别是我国作为发展中国家，在新技术的发展及应用方面比发达国家要晚五到十年。目前来讲处于云计算核心技术领域的企业更多是国外 IT 巨头，国内大的 IT 厂商需要加大在这方面的研究，而不是一味地跟风模仿，要有创造力。除了技术方面要加大投入外，笔者认为更要在其发展初期就要制定安全标准，法律法规，要有前瞻性的举措，能够维护用户的基本权利，防止投机倒把特别是有不良用心之人钻了空子，更不允许国外的企业集团对我国的云计算产业有太多的控制，也只有这样才能更加有效地让云计算技术在我国健康而快速的发展。

云计算从诞生之日起就伴随着法律争议，很多国家已经开始讨论在法律上对其加以规范，适用原有的数据保护法、隐私法或者有针对性地制定相关法律。云计算难点在于它的这种模式已经脱离了地域问题，在这个"云生态环境"里，数据在哪里存储（比如 Google 的数据中心遍布全球，我们不知道数据在哪里）、服务开发商的位置、服务使用者等都是在不同的国家地区，势必增加了云计算法律法规标准的制定及执行难度。云计算与传统的外包服务不同，其主要区别在于借助云计算，数据通过互联网进行存储和交付，数据的拥有者不能控制，甚至不知道数据的存储位置，数据的流动是全球性的，跨越了国界，穿越了不同的时区。产生法律问题的关键是任何人很难知道数据在哪里共享和传送，数据跨境传送、即时性地在全球传播，而每个国家都拥有自己的法律以及管理要求，云计算服务的提供者显然无法做到与所涉及的所有国家的法律相符合，因此对各国管辖权之下的法律义务带来挑战。

  第一，法律法规的制定。一方面这是一个全球性的问题，不管是民间标准组织也好，还是国家信息安全相关部门也好，都应该积极参与，众多的云提供商也要与政府一起合作，制定针对数据、隐私方面的共同标准，要考虑到功能、司法和合同几方面的问题，比如政府管理法案和制度对云计算服务、利益相关者和数据资源的影响等。再就是国家及地方性法规也需要加以研究制定云计算方面的法律法规，比如欧盟的 SAFEHABOR 联盟，他们在法律上明确规定了跨国界进行存储和传输的电子信息产品需要遵循的标准，目前欧洲和美国都遵循这个标准，亚洲也有国家开始起草这方面的法律草案。在美国，涉及爱国者法、萨班斯法以及保护各类敏感信息的相关法律。美国联邦首席信息官（CIO）委员会发布了新的安全机构方案，规范云计算的产品和服务，提出了安全控制标准，该安全控制涵盖全面的 IT 系统安全的关注领域，每个控制涵盖了一个非常具体的领域，各个机构组织定义自己的云计算实现。例如，访问控制下的控制，包括账户管理、存取执法、信息流执法和职责分离。根据人员的安全要求，包括个别人员的筛选，终止和转让的控制，同时根据事件的响应类别的控制包括具体事件响应的培训、处理、监测和报告。我国政府部门也在积极地制定相应的法规，对云计算企业制定合规性检查，包括厂商对客户承诺的不合理性、厂商信守承诺的程度、厂商对待客户数据的审计和监管力度，相信不久将会有针对云计算的相关法案提出。

  第二，云安全标准组织机构研究的推动作用。比如云安全联盟（Cloud Security Alliance，CSA）。为推动云计算应用安全的研究交流与协作发展，业界多家公司在 2008 年 12 月联合成立了 CSA，该组织是一个非营利组织，旨在推广云计算应用安全的最佳实践，并为用户提供云计算方面的安全指引。CSA

在 2009 年 12 月 17 日发布的新版《云安全指南》V 2.1 中着重总结了云计算的技术架构模型、安全控制模型以及相关合规模型之间的映射关系，从云计算用户角度阐述了可能存在的商业隐患、安全威胁以及推荐采取的安全措施。目前已经有越来越多的 IT 企业、安全厂商和电信运营商加入该组织。欧洲网络信息安全局（ENISA）和 CSA 联合发起了 CAM 项目。CAM 项目的研发目标是开发一个客观、可量化的测量标准，供客户评估和比较云计算服务提供商安全运行的水平。

第三，云服务提供商安全方案的制定。目前云服务提供商如 Amazon、IBM、Microsoft 都部署了相应的云计算安全解决方案，主要通过采用身份认证、安全审查、数据加密、系统冗余等技术及管理手段来提高云计算业务平台的健壮性、服务连续性和用户数据的安全性。另外，电信运营商 Verizon 也已经推出了云安全特色服务。

（二）培养云计算安全使用行为

云计算相关法律法规的完善在很大程度上约束了人们及利益实体的网络犯罪行为，但是云计算安全问题并不能当然也不可能根除。那么从用户方面来讲就需要养成一个良好的上网使用云服务的习惯。

1. 注意保护自己的个人终端设备信息

这里的终端设备包括所有能上网的终端设备，一般来讲，尽量不要让别人在没有授权的情况下，查看自己的一些设备，特别是一些私密信息一定要有保护措施。

2. 安全防护软件

选择合适的云安全杀毒软件，现在很多的杀毒软件已经进入了云计算时代，能起到防止病毒侵入危险的发生，并能得到及时的安全提醒，但还是要定期杀毒以防护自己的智能设备。

3. 上网要有安全意识

在上网或者访问云服务应用时，注意保护自己的认证信息，还要防止网络诈骗。一般不要在自己的电脑里保存个人资料和账号信息，更不可通过网络应用传播这些信息。在外边或者通过别人的设备上网时，要注意注销自己的登录信息，要访问一些安全的网站及应用。

4. 增长网络安全知识

平常要多积累些网络安全方面的知识，如如何设置浏览器的安全级别、及时杀毒防毒、了解最新安全信息等。在云平台开发应用或者是使用云计算应用时，都需要充分了解该云平台的安全标准措施，在自身的利益受到损害时能够得到补偿，如重要信息被窃取并被加以利用，是否有标准得到赔偿；数据丢失了，能否有恢复的方法等。

5. 尽量选择可靠的云计算服务提供商

企业或个人在使用云计算资源时，要听取专家建议，选择相对可靠的云计算服务提供商。要清楚地了解使用云服务的风险所在，对云计算发挥作用的时间和地点所产生的风险加以衡量。一般要选择那些专家推荐使用的规模大、商业信誉好的云计算服务提供商。企业通过减少对某些数据的控制，来节约经济成本，意味着可能要把企业信息、客户信息等敏感的商业数据存放到云计算服务提供商那里，对于信息管理者而言，他们必须对这种交易是否值得做出选择。另外还要注意自身数据的备份，以及重要数据一定要有加密才能传输或者存放在云服务提供商那里。

这些行为准则当然还不够全面，需要加以完善，而它的目标就是让我们有安全意识和行为，起到预防作用。当然也不要借助网络或者云计算做些非法的事情，因为所有的操作实际上在整个网络环境中是留有痕迹的，借助技术手段是完全可以被追踪到的。

（三）云安全

云安全的概念与云计算安全性问题有联系又有一定区别，它实际上是网络时代信息安全的最新体现，其融合了并行处理、网格计算、未知病毒行为判断等新兴技术和概念，通过网状的大量客户端对网络中软件行为的异常监测，获取互联网中木马、恶意程序的最新信息，传送到Server端进行自动分析和处理，再把病毒和木马的解决方案分发到每一个客户端。通常意义上的云安全指的是采用云计算的方式为用户提供安全服务，是云计算的一种具体应用，云安全是我国企业创造的概念，在国际云计算领域独树一帜。但云安全与云计算的安全问题又不可完全割裂。

云安全的概念提出后，曾引起了广泛的争议，许多人认为它是伪命题。但事实胜于雄辩，云安全的发展非常迅速，驱逐舰杀毒软件、瑞星、趋势、卡巴斯基、MCAFEE、SYMANTEC、江民科技、PANDA、金山、360安全卫士、卡卡上网安全助手等都推出了云安全解决方案。

第二节 大数据安全

大数据正成为继云计算、物联网之后信息技术领域的又一热点。然而，现有的信息安全手段已经远远不能满足大数据时代的信息安全要求。大数据时代在给信息安全带来挑战的同时，也为信息安全的发展提供了新的机遇。本节主要介绍了大数据时代信息安全面临的挑战，以及大数据时代的信息安全特征。通过分析不同领域大数据的安全需求，总结出大数据时代下的应对策略，最后指出并分析大数据引起的个人隐私问题。

一、大数据时代对信息安全带来的挑战

大数据已经渗透到各个行业领域，逐渐成为一种生产要素，发挥着重要作用。大数据所含信息量较高，虽然相对价值密度较低，但是它蕴藏着高价值的潜在信息。随着快速处理和分析提取技术的发展，可以快速捕捉到这些有价值的信息以提供参考决策。随着大数据掀起新的生产率提高和消费者盈余浪潮的同时，也带来了信息安全的挑战。

大量事实表明，大数据未被妥善处理会对用户的隐私造成极大的侵害。根据需要保护的内容不同，隐私保护又可以进一步细分为位置隐私保护、标识符匿名保护、连接关系匿名保护等。人们面临的威胁并不仅限于个人隐私泄漏，还在于基于大数据对人们状态和行为的预测。

当前企业常常认为经过匿名处理后，信息不包含用户的标识符，就可以公开发布了。但事实上，仅通过匿名保护并不能很好地达到隐私保护目的。例如，AOL 公司曾公布了匿名处理后的 3 个月内部分搜索历史，供人们分析使用。虽然个人相关的标识信息被精心处理过，但其中的某些记录项还是可以被准确地定位到具体的个人。纽约时报随即公布了其识别出的 1 位用户。编号为 4417749 的用户是 1 位 62 岁的寡居妇人，家里养了 3 条狗，患有某种疾病，等等。另一个相似的例子是，著名的 DVD 租赁商 Netflix 曾公布了约 50 万用户的租赁信息，悬赏 100 万美元征集算法，以期提高电影推荐系统的准确度。但是当上述信息与其他数据源结合时，部分用户还是被识别出来了。研究者发现，Netflix 中的用户有很大概率对非 top100、top500、top1000 的影片进行过评分，而根据对非 top 影片的评分结果进行去匿名化攻击的效果更好。

目前用户数据的收集、存储、管理与使用等均缺乏规范，更缺乏监管，主要依靠企业的自律。用户无法确定自己隐私信息的用途。而在商业化场景中，

用户应有权决定自己的信息如何被利用,实现用户可控的隐私保护。例如,用户可以决定自己的信息何时以何种形式披露,何时被销毁。包括:第一,数据采集时的隐私保护,如数据精度处理;第二,数据共享、发布时的隐私保护,如数据的匿名处理、人工干扰等;第三,数据分析时的隐私保护;第四,数据生命周期的隐私保护;第五,隐私数据可信销毁等。

在大数据时代,商业生态环境在不经意间发生了巨大变化:无处不在的智能终端、随时在线的网络传输、互动频繁的社交网络,让以往只是网页浏览者的网民的面孔从模糊变得清晰,企业也有机会进行大规模的精准化的消费者行为研究。大数据蓝海将成为未来竞争的制高点。大数据在成为竞争新焦点的同时,不仅带来了新机遇,同时也带来了更多安全风险。

(一) 大数据容易吸引黑客的网络攻击

网络空间,大数据是更容易被"发现"的大目标。一方面,大数据意味着海量的数据,也意味着更复杂、更敏感的数据,这些数据会吸引更多的潜在攻击者;另一方面,数据的大量汇集,使得黑客成功攻击一次就能获得更多数据,无形中降低了黑客的进攻成本,增加了"收益率"。

(二) 大数据增加了隐私泄露的风险

大量数据的汇集不可避免地加大了用户隐私泄露的风险。一方面,数据集中存储增加了泄露风险。另一方面,一些敏感数据的所有权和使用权并没有明确界定,很多基于大数据的分析都未考虑到其中涉及的个体隐私问题。

(三) 大数据威胁现有的存储和安防措施

大数据存储带来新的安全问题,数据大集中的后果是复杂多样的数据存储在一起,很可能会出现将某些生产数据放在经营数据存储位置的情况,致使企业安全管理不符合规定。大数据存储的大小也影响到安全控制措施能否正确运行。安全防护手段的更新升级速度无法跟上数据量非线性增长的步伐,就会暴露大数据安全防护的漏洞。

(四) 大数据技术成为黑客的攻击手段

在企业用数据挖掘和数据分析等大数据技术获取商业价值的同时,黑客也在利用这些大数据技术向企业发起攻击。黑客会最大限度地收集更多有用信息,比如社交网络、邮件、微博、电子商务、电话和家庭住址等信息,大数据分析使黑客的攻击更加精准。此外,大数据也为黑客发起攻击提供了更多机会。黑客利用大数据发起僵尸网络攻击,可能会同时控制上百万台傀儡机并发起攻击。

（五）大数据成为高级持续性威胁的载体

传统的检测是基于单个时间点进行的基于威胁特征的实时匹配检测，而高级持续性威胁（APT）是一个实施过程，无法被实时检测。此外，由于大数据的价值低密度特性，使得安全分析工具很难聚焦在价值点上，黑客可以将攻击隐藏在大数据中，给安全服务提供商的分析制造很大困难。黑客设置的任何一个会误导安全厂商目标信息提取和检索的攻击，都会导致安全监测偏离应有方向。

（六）大数据技术为信息安全提供新支撑

当然，大数据也为信息安全的发展提供了新机遇。大数据正在为安全分析提供新的可能性，对海量数据的分析有助于信息安全服务供应商更好地刻画网络异常行为，从而找出数据中的风险点。对实时安全和商务数据结合在一起的数据进行预防性分析，可识别钓鱼攻击，防止诈骗和阻止黑客入侵。网络攻击行为总会留下蛛丝马迹，这些痕迹都以数据的形式隐藏在大数据中，利用大数据技术整合计算和处理资源有助于更有针对性地应对信息安全威胁，有助于找到攻击的源头。

二、大数据时代信息安全特征

从数据采集、数据整合、数据提炼、数据挖掘、安全分析、安全态势判断、安全检测到发现威胁，已经形成一个新的完整链条。在这一链条中，数据可能会丢失、泄露、被越权访问、被篡改，甚至涉及用户隐私和企业机密等内容。通常，大数据安全具有以下6个方面的特征和问题。

（一）移动数据安全面临高压力

社交媒体、电子商务、物联网等新应用的兴起。打破了企业原有的价值链，仅对原有价值链的各个环节的数据进行分析，已经不能满足企业的需求。移动网络与人们的日常生活息息相关，不论是打电话、发短信，还是通过即时通信工具聊天，下载音乐，都会产生大量的数据，即使用户没有主动使用手机，作为网络维护的需要，手机也会主动更新一些信息到网络。因此移动网络产生了海量的数据信息，包括用户的行为、位置、业务使用偏好等。如何能够有效地将这些信息利用起来，对运营商具有重要意义，同时也能更好地服务用户。因此，需要借助大数据战略打破数据边界，使企业了解更全面的运营及运营环境的全景图。但是，这显然会对企业的移动数据安全防范能力提出更高的要求。此外，数据价值的提升会造成更多敏感性分析数据在移动设备间传递，一些恶意软件甚至具备一定的数据上传和监控功能，能够追踪到用户位置、窃取数据或机密信息，严重威胁个人的信息安全，使安全事故等级升高。在移动设备与移动平台安全威胁飞速增长的情况下，如何跟踪移动恶意软件样本及其始作俑者，分析样本相互间关系，成为移动大数据安全需要解决的问题。

（二）网络化社会使大数据易成为攻击目标

在网络空间里，大数据是更容易被攻击的目标。一方面，网络访问便捷化和数据流的形成，为实现资源的快速弹性推送和个性化服务提供了基础。正因为平台的暴露，使得蕴含着潜在价值的大数据更容易吸引黑客的攻击。另一方面，在开放的网络化社会，大数据的数据量大且相互关联，使得黑客成功攻击一次就能获得更多数据，无形中降低了黑客的进攻成本，增加了收益率。例如，黑客能够利用大数据技术最大限度地收集更多有用信息。

（三）用户隐私保护成为难题

大数据的汇集不可避免地加大了用户隐私数据信息泄露的风险。由于数据中包含大量的用户信息，使得对大数据的开发利用很容易侵犯公民的隐私，恶意利用公民隐私的技术门槛大大降低。在大数据应用环境下，数据呈现动态特征，数据库中的属性和表现形式不断随机变化，使得基于静态数据集的传统数据隐私保护技术面对这些安全问题时更加难以解决。各领域对于用户隐私保护有多方面要求和特征数据之间存在复杂的关联和敏感性，而大部分现有隐私保护模型和算法都是仅针对传统的关系型数据，不能直接将其移植到大数据应用中。

（四）海量数据的安全存储问题

随着结构化数据和非结构化数据量的持续增长以及分析数据来源的多样化。以往的存储系统已经无法满足大数据应用的需要。对于占数据总量80%以上的非结构化数据，通常采用 NoSQL 存储技术完成对大数据的抓取、管理和处理。虽然 NoSQL 数据存储易扩展、高可用、性能好，但是仍存在一些问题。例如，访问控制和隐私管理模式问题、技术漏洞和成熟度问题、授权与验证的安全问题、数据管理与保密问题等。而结构化数据的安全防护也存在漏洞。例如，物理故障、人为误操作、软件问题、病毒、木马和黑客攻击等因素都可能严重威胁数据的安全性。大数据所带来的存储容量问题、延迟、并发访问、安全问题、成本问题等，对大数据的存储系统架构和安全防护提出挑战。

（五）大数据安全策略动态化

传统数据安全往往是围绕数据生命周期部署的，即数据的产生、存储、使用和销毁。随着大数据应用越来越多，数据的拥有者和管理者相分离，原来的数据生命周期逐渐转变成数据的产生、传输、存储和使用。由于大数据的规模没有上限，且许多数据的生命周期极为短暂，因此，传统安全产品要想继续发挥作用，则需要及时解决大数据存储和处理的动态化、并行化特征，动态跟踪数据边界，管理对数据的操作行为。

（六）大数据的信任安全问题

大数据的最大障碍不是在多大程度上取得成功，而是让人们真正相信大数据、信任大数据，这包括对别人数据的信任和自我数据被正确使用的信任。例如，近年来工资"被增长"、CPI"被下降"、房价"被降低"、失业率"被减少"，因百姓的切身感受与统计数据之间的差异以及国家和地方之间 GDP 数据严重不符，都导致了市场对统计数据的质疑。同时，大数据的信任安全问题也不仅是指要相信大数据本身，还包括要相信可以通过数据获得的成果。但是，要让人们相信和信任通过大数据模型获得的洞察信息却并不容易，而证明大数据本身的价值比成功完成一个项目要更加困难。因此，构建对大数据的安全信任至关重要，这需要政府机构、企事业单位、个人等多方面共同建设和维护好大数据可信任的安全环境。

三、大数据信息安全应对模式

大数据的产生使数据分析与应用更加复杂，难以管理。据统计，2018 年过去 3 年里全球产生的数据量比以往 400 年的数据加起来还多，这些数据包括文档、图片、视频、Web 页面、电子邮件、微博等不同类型。其中，只有 20% 是结构化数据，80% 则是非结构化数据。数据的增多使数据安全和隐私保护问题日渐突出，各类安全事件给企业和用户敲响了警钟。在整个数据生命周期里，企业需要遵守更严格的安全标准和保密规定，对数据存储与使用的安全性和隐私性要求越来越高，传统数据保护方法常常无法满足新变化网络和数字化生活也使黑客更容易获得他人信息，有了更多不易被追踪和防范的犯罪手段，而现有的法律法规和技术手段却难以解决此类问题。因此，在大数据环境下数据安全和隐私保护是一个重大挑战。

在大数据时代，业务数据和安全需求相结合能够有效提高企业的安全防护水平。通过对业务数据的大量搜集、过滤与整合，经过细致的业务分析和关联规则挖掘，企业能够感知自身的网络安全态势，预测业务数据走向。了解业务运营安全情况，这对企业来说具有革命性的意义。目前，在一些运营商的业务部门已经开始使用安全基线和大数据分析技术，及时检测与发现网络中的各种异常行为和安全威胁，从而采取相应的安全措施。

随着对大数据的广泛关注。有关大数据安全的研究和实践也已逐步展开，包括科研机构、政府组织、企事业单位、安全厂商等在内的各方力量，正在积极推动与大数据安全相关的标准制定和产品研发，为大数据的大规模应用奠定更加安全和坚实的基础。

（一）不同领域的大数据安全需求

在理解大数据安全内涵、制定相应策略之前，有必要对各领域大数据的安全需求进行全面了解和掌握，以分析大数据环境下的安全特征与问题。

1. 互联网行业

互联网企业在应用大数据时，常会涉及数据安全和用户隐私问题。随着电子商务、手机上网行为的发展，互联网企业受到攻击的情况比以前更为隐蔽。攻击的目的并不仅是让服务器宕机，更多是以渗透 APT 的攻击方式进行。因此，防止数据被损坏、篡改、泄露或窃取的任务十分艰巨。同时，由于用户隐私和商业机密涉及的技术领域繁多、机理复杂。很难有专家可以贯通法理与专业技术，界定出由于个人隐私和商业机密的传播而产生的损失，也很难界定侵权主体是出于个人目的还是企业行为。因此，互联网企业的大数据安全需求是：可靠的数据存储，安全的挖掘分析，严格的运营监管，呼唤针对用户隐私的安全保护标准、法律法规、行业规范，期待从海量数据中合理发现和发掘商业机会和商业价值。

2. 电信行业

大量数据的产生、存储和分析，使得运营商在数据对外应用和开放过程中面临着数据保密、用户隐私、商业合作等一系列问题。运营商需要利用企业平台、系统和工具实现数据的科学建模，确定或归类这些数据的价值。由于数据通常散乱在众多系统中，信息来源十分庞杂，因此运营商需要进行有效的数据收集与分析，保障数据的完整性和安全性。在对外合作时，运营商需要能够准确地将外部业务需求转换成实际的数据需求，建立完善的数据对外开放访问机制。在此过程中，如何有效保护用户隐私，防止企业核心数据泄露，成为运营商对外开展大数据应用需要考虑的重要问题。因此，电信运营商的大数据安全需求是：确保核心数据与资源的保密性、完整性和可用性，在保障用户利益、体验和隐私的基础上充分发挥数据价值。

3. 金融行业

金融行业的系统具有相互牵连、使用对象多样化、安全风险多方位、信息可靠性、保密性要求高等特征。而且金融业对网络的安全性、稳定性要求更高，系统要能够高速处理数据，提供冗余备份和容错功能，具备较好的管理能力和灵活性，以应对复杂的应用。虽然金融行业一直在数据安全方面追加投资和技术研发，但是由于金融领域业务链条的拉长、云计算模式的普及、自身系统复杂度的提升以及对数据的不当利用，都增加了金融业大数据的安全风险。因此，金融行业的大数据安全需求是：对数据访问控制、处理算法、网络安全、数据管理和应用等方面提出安全要求，期望利用大数据安全技术加强金融机构的内部控制，提高金融监管和服务水平，防范和化解金融风险。

4. 医疗行业

随着医疗数据的几何倍数增长，数据存储压力也越来越大。数据存储是否安全可靠，已经关乎医院业务的连续性。因为系统一旦出现故障，首先考验的就是数据的存储、备份和恢复能力。如果数据不能迅速恢复，或者恢复不到断点，则对医院的业务、患者满意度构成直接损害。同时，医疗数据具有极强的隐私性，大多数医疗数据拥有者不愿意将数据直接提供给其他单位或个人进行研究利用，而数据处理技术和手段的有限性也造成了宝贵数据资源的浪费。因此，医疗行业对大数据安全的需求是：数据隐私性高于安全性和机密性，同时需要安全和可靠的数据存储、完善的数据备份和管理，以帮助医生与病人进行疾病诊断、药物开发、管理决策，完善医院服务，提高病人满意度，降低病人流失率。

5. 政府组织

大数据分析在安全上的潜能已经被各国政府组织发现，它的作用在于能够帮助国家构建更加安全的网络环境。例如，美国进口安全申报委员会不久前宣布，通过6个关键性的调查结果证明，大数据分析不仅具备强大的数据分析能力，而且能确保数据的安全性。美国国防部已经在积极部署大数据行动，利用海量数据挖掘高价值情报，提高快速响应能力，实现决策自动化。而美国中央情报局通过利用大数据技术，提高从大型复杂的数字数据集中提取知识和观点的能力，加强国家安全。因此，政府组织对大数据安全的需求是：隐私保护的安全监管、网络环境的安全感知、大数据安全标准的制定、安全管理机制的规范等内容。

（二）大数据安全内涵

1. 大数据自身的安全问题

大数据安全不同于关系型数据安全，大数据无论是在数据体量、结构类型、处理速度、价值密度方面，还是在数据存储、查询模式、分析应用上都与关系型数据有着显著差异。大数据意味着数据及其承载系统的分布式，单个数据和系统的价值相对降低，空间和时间的大跨度、价值的稀疏，使得外部人员寻找价值攻击点更不容易。但是，在大数据环境下完全的去中心化很难。只要存在中心就可能成为被攻击的穴道，而对于低密度价值的提炼过程也是吸引攻击的内容。针对这些问题，传统安全产品所使用的监视、分析日志文件、发现数据和评估漏洞的技术在大数据环境中并不能有效运行。很多传统安全技术方案中，数据的大小会影响到安全控制或配套操作能否正确运行。多数安全产品不能进行调整，无法满足大数据领域，也不能完全理解其面对的信息。而且，在大数据时代会有越来越多的数据开放，交叉使用，在这个过程中如何保护用户隐私是最需要考虑的问题。

为解决大数据自身的安全问题，需要重新设计和构建大数据安全架构和开放数据服务，从网络安全、数据安全、灾难备份、安全风险管理、安全运营管理、安全事件管理、安全治理等各个角度考虑，部署整体的安全解决方案，保障大数据计算过程、数据形态、应用价值的安全。

2. 用大数据解决安全问题

大数据在面临自身安全问题的同时，也给信息安全发展带来了新的机遇。大数据为安全分析提供新的可能性，其对海量数据的分析有助于更好地刻画网络异常行为，从而找出数据中的风险点，制定更好的预防攻击、防止信息泄露的策略。例如，网络攻击行为总会留下蛛丝马迹，这些痕迹都以数据的形式隐藏在大数据中，利用大数据技术整合计算和处理资源有助于更有针对性地应对信息安全威胁，有助于找到攻击的源头。在此过程中，需要注意两个问题：一是大数据可能成为高级可持续攻击的载体；二是大数据分析技术也容易被黑客利用到攻击中去。需要明确大数据安全保障对象，加强对敏感和要害数据的监管，加快面向大数据的信息安全技术的研究，建立并完善大数据信息安全体系。

大数据也为企业提供一个更宽广的新视角，帮助它们更加前瞻性地发现安全威胁，利用大数据技术可以提升企业数据防护系统的安全效能、安全能力和安全效果。可以这样讲，大数据给信息安全带来的最大改变是通过自动化分析处理与深度挖掘，将之前很多时候亡羊补牢式的事中、事后处理，转向事前自动评估预测、应急处理，让安全防护主动起来。目前，大数据在信息安全领域的应用包括两个方面：宏观上的网络安全态势感知和微观上的安全威胁发现。前者是指运用大数据技术特有的海量存储、并行计算、高效查询等特点，解决大规模网络安全事件数据的有效获取，海量安全事件数据的实时关联分析，客观、可理解的网络安全指标体系建立等问题，从中发现主机和网络异常行为，起到全局安全预警的作用。后者是指从大数据中发现微观事件，特别是 APT 攻击发现。通过全面收集重要终端和服务器上的日志信息以及采集网络设备上的原始流量，利用大数据技术进行分析和挖掘，检测并还原整个 APT 攻击场景，能够起到动态预防安全威胁的作用。

（三）大数据信息安全应对策略

在大数据产业链的各个环节，安全问题无处不在，面对这一系列的安全风险和关键问题，如何保障大数据安全，并在信息安全领域有效利用，是企业需要认真解决的问题。只有大数据技术和大数据安全"两条腿"并行走路，大数据才可以真正成为企业发展的驱动力。根据传统信息安全成功经验及最新安全技术发展结果，作者认为可以从以下几方面开展大数据安全工作。

1. 构建大数据环境下的数据信息安全体系

数据信息安全是指数据信息的硬件、软件及数据受到保护，不因偶然的或者恶意的原因而遭到破坏、更改、泄露，系统连续可靠正常的运行，信息服务不中断。通常数据信息安全强调 CIA 三元组的目标，即保密性、完整性和可用性，另外还有一些其他目标，包括可追溯性、抗抵赖性、真实性、可控性等。只有在正确完整的安全体系指导下，大数据信息安全建设所需的技术、产品、人员和操作等材料才能真正发挥各自的效力。设计大数据信息安全体系的目的是：从管理和技术上保证数据安全策略得以完整准确的实现，全面准确地满足大数据安全需求。从具体内容上来看，该安全体系应该包含实现大数据环境下的信息安全所必需的功能或服务、安全机制和技术、管理和操作以及这些因素在整个体系中的合理部署和相互关系。所以，该安全体系应该是多层次多方面的，必须能够完整描述大数据环境下的数据信息安全建设所要实现的最终形态。

大数据信息安全体系可以通过多种途径表示，如非常具体的框架或者比较抽象的模型。无论表现形式如何，大数据信息安全体系都应该结合防护、检测、响应和恢复这几个关键环节在一起的动态发展的完整体系，能够为大数据安全的解决方案和工程实施提供参考和依据，帮助企业建立规范化、标准化的大数据安全防控内容和防护框架。

2. 研究保障大数据安全的关键技术

大数据安全保障技术可以从物理安全、系统安全、网络安全、存储安全、访问安全、审计安全、运营安全等角度进行考虑，围绕大数据的全生命周期，即数据产生、采集、传输、存储、处理、分析、发布、展示和应用、产生新数据等阶段进行安全防护。其目标是：最大限度地保护具有流动性和开放性特征的大数据自身安全，防止数据泄露、越权访问、数据篡改、数据丢失、密钥泄露、侵犯用户隐私等问题的出现。因此，大数据安全保障技术需要设计和构建更多的技术标准、安全规范、工具产品、安全服务等形式来保护大数据的安全。

3. 研究应用大数据安全的关键技术

通过了解大数据安全内涵和技术特点，可以在信息安全领域利用大数据分析技术，得到相关的安全预警和防护建议。例如，在大数据采集的基础上，企业可以从原始数据中进行二次提取，建立基础指标、应用层指标等多种类型指标，然后基于指标之间的关联分析、每个指标的变化状况，通过大数据分析帮助企业建立信誉评估机制，感知信息安全态势。

4. 加强大数据管理与安全评估

通过技术保护大数据的安全必然重要，但安全管理制度也很关键。要从海量数据中提取价值，提高企业生产效率，就必须使用科学的大数据管理方法，降低各种安全隐患。具体来说，可以从以下几个方面进行安全管理。

第一，规范大数据建设。规范化建设可以促进大数据管理过程的正规有序，实现各级各类信息系统的网络互连、数据集成、资源共享，在统一的安全规范框架下运行。

第二，完善大数据资产管理。大数据资产管理要能够清楚地定义数据元素，包括数据格式、别名、统计表以及其他特性标识符等；描述数据元素定义的信息来源及其相关数据元素的信息；记录使用信息，包括数据元素的产生及修改信息、安全及访问控制信息、访问历史记录。

第三，建立以数据为中心的安全系统。为了确保数据中心系统的安全，防护系统主要通过防火墙、入侵检测系统、安全审计、抵抗拒绝服务攻击、流量整形和控制、网络防病毒系统来实现全面的安全防护。同时，通过使用加密、识别管理并结合其他主动安全管理技术，贯穿于数据从使用到迁移、停用的全部过程。

第四，做好大数据安全风险评估。不同类型的数据形式以及数据的不同状态，都有其不同的泄密风险等级。针对大数据的固有特点，可以将其分为不同的安全风险等级，从而加强安全防范，并在实际生产中明确安全风险治理目标，降低企业数据泄露风险，分析并消除信息安全盲点。

第五，提高企业员工安全意识。需要提升员工对大数据安全威胁的识别能力，了解正在使用的数据的价值，充分认识到自己在企业数据安全中的重要角色。企业也需要对员工进行安全培训，让员工对彼此在安全防护中的职责和战略有所了解，并结合周期性的安全攻击演习，检验培训的成果。

四、大数据时代下的信息保障

大数据也为数据安全的发展提供了新机遇。大数据正在为安全分析提供新的可能性，对海量数据的分析有助于更好地跟踪网络异常行为，对实时安全和应用数据结合在一起的数据进行预防性分析，可防止诈骗和黑客入侵。网络攻击行为总会留下蛛丝马迹，这些痕迹都以数据的形式隐藏在大数据中，从大数据的存储、应用和管理等方面层层把关，可以有针对性地应对数据安全威胁。

（一）大数据存储安全策略

基于云计算架构的大数据，数据的存储和操作都是以服务的形式提供。目前，大数据的安全存储采用虚拟化海量存储技术来存储数据资源，涉及数据传输、隔离、恢复等的问题。解决大数据的安全存储，需要做到以下几点。

一是数据加密。在大数据安全服务的设计中，大数据可以按照数据安全存储的需求，被存储在数据集的任何存储空间，通过安全套接层（SSL）加密，实现数据集的节点和应用程序之间移动保护大数据。在大数据的传输服务过程中，加密为数据流的上传与下载提供有效的保护，为应用隐私保护和外包数据计算屏蔽网络攻击。目前，PGP和TrueCrypt等程序都提供了强大的加密功能。

二是分离密钥和加密数据。使用加密把数据使用与数据保管分离，把密钥与要保护的数据隔离开。同时，定义产生、存储、备份、恢复等密钥管理生命周期。

三是使用过滤器。通过过滤器的监控，一旦发现数据离开了用户的网络，就自动阻止数据的再次传输。

四是数据备份。通过系统容灾、敏感信息集中管控和数据管理等产品，实现端对端的数据保护，确保大数据损坏情况下有备无患和安全管控。

（二）大数据应用安全策略

随着大数据应用所需的技术和工具快速发展，大数据应用安全策略主要从以下几方面着手。

一是防止APT攻击。借助大数据处理技术,针对APT安全攻击隐蔽能力强、长期潜伏、攻击路径和渠道不确定等特征,设计具备实时检测能力与事后回溯能力的全流量审计方案,提醒隐藏有病毒的应用程序。

二是用户访问控制。大数据的跨平台传输应用在一定程度上会带来内在风险,可以根据大数据的密集程度和用户需求的不同,将大数据和用户设定不同的权限等级,并严格控制访问权限。而且,通过单点登录的统一身份认证与权限控制技术,对用户访问进行严格的控制,有效地保证大数据应用安全。

三是整合工具和流程。通过整合工具和流程,确保大数据应用安全处于大数据系统的顶端。整合点平行于现有连接的同时,减少通过连接企业或业务线的SIEM工具的输出到大数据安全仓库,以防止这些被预处理的数据被暴露算法和溢出加工后的数据集。同时,通过设计一个标准化的数据格式简化整合过程,同时也可以改善分析算法的持续验证。

四是数据实时分析引擎。数据实时分析引擎融合了云计算、机器学习、语义分析、统计学等多个领域,通过数据实时分析引擎,从大数据中第一时间挖掘出黑客攻击、非法操作、潜在威胁等各类安全事件,第一时间发出警告响应。

(三)大数据应用平台的安全管理策略

作为新的信息金矿,大数据所带来的价值正在影响着各个行业。当前很多运营商为了提高自身的竞争力,都纷纷加大了对大数据平台建设的投入,但同时,不断飙升的管理维护成本和安全架构复杂化也让大数据的运营发展面临巨大挑战:大数据时代的安全架构变得愈发复杂,各种威胁数据安全的案例层出不穷,管理大数据平台的安全需求也在持续增加,需要各种新技术应对新的风险和威胁;传统网管一般利用性能评价体系KPI对数据应用平台进行状况评估,特别在面对多个大数据平台时,不能真实反映平台的运行状态和性能状况;故障响应不及时,告警系统未智能化。大部分应用平台仅能将告警生成在各自的系统平台内,需要管理员定期去提取、查看,遇到故障也只能手工排除,可能会导致问题发现不及时,故障排查困难。据统计,大数据平台中,结构化数据只占15%左右,其余的85%都是非结构化的数据,它们来源于社交网络、互联网和电子商务等领域,对此应提供关键安全策略以支持结构化与非结构化数据的管理。

针对上述市场需求,业内领先的信息安全技术公司提出了大数据应用平台的安全管理方案,运用智能化、流程化、自动化、可量化、可视化等安全战略手段,构建安全、高效、经济的监管体系,帮助用户准确感知当前大数据平台的整体性能,实现大数据平台在操作、通信、存储、漏洞方面的全方位安全防护,达到提高工作效率、降低故障排除时间和维护成本的最终目的。同时,该安全管理方案还在以下几方面呈现出亮点。

1. 基于 Hadoop 架构下的统计分析和大数据挖掘技术

大数据平台是一个面向主题的、集成的、随时间而变化的、不容易丢失的数据集合,支持各企事业单位管理部门的决策过程。采用基于 Hadoop 集群环境下的统计分析和大数据挖掘等技术,通过将各类日志资源和事件信息按照业务、地域、时间、涉密程度等多维性和内在联系,进行归纳、分类、关联性以及趋势预测等分析,从海量数据中寻找有用的、有价值的信息,为不同层面、不同业务系统提供信息支持。

2. 大数据平台的质量体验

用户体验质量是用户端到端的概念,是指用户对大数据应用平台的主观体验,是从用户的角度感觉到的系统整体性能。

3. 全面的智慧安全

大数据时代安全架构在变得愈发复杂,安全需求也在持续增加,需要各种新兴技术应对新型风险和威胁。

但这势必增加企业管理和投资的复杂度并造成技术成本压力。本系统采取深度防御策略,能主动对大数据应用平台进行漏洞扫描,并通过安全互联的方式实现全面整体的安全防御,实时获取安全信息,对其进行关联性分析,更快、更早地发现安全威胁。

4. 安全基线自学习

为有效监测大数据应用平台的配置信息变更情况,安全管理系统采集大数据应用平台的配置信息,得出相应的安全基线。通过自动学习该基线,安管系统站在全局的角度对各大数据平台进行自动监测,并将监测结果与基线进行比对,以判断是否有配置变更,快速发现系统操作的异常行为。

5. 故障快速定位及预警

系统重视故障管理的主动性,通过多个维度(物理和虚拟服务器、网络设备、数据库、云资源以及业务平台的运行状况)的检测视图,在故障发生之前,能主动检测到系统平台关键要素的状态变化并发出预警,管理员便可准确并深度定位应用性能问题的根源,及时修复故障问题,以免服务中断或数据外泄造成不可挽回的损失。

6. 策略集中配置统一下发

系统采用安全策略的集中配置及下发来对各大数据应用平台进行统一管理，此办法在面对管理多个大数据应用平台时优势明显。传统的策略配置是逐个"登录—配置"的过程，工作量成倍增大，且有可能造成安全策略冲突和形成漏洞。策略的统一配置下发扭转了该局面，如在安全系统上统一配置数据采集/存储策略、去隐私化策略、漏洞扫描规则、用户敏感信息行为处理规则、补丁管理策略，并分发至各个应用平台执行，大大简化了配置过程，避免策略的重复配置操作，提高了运维管理能力。

7. 基于云计算架构的异构数据管理

云计算是一种基于互联网的、通过虚拟化方式共享资源的计算模式，存储和计算可以按需分配、动态部署、动态优化、动态收回。云数据服务通过总/分库的方式，利用分布式数据库特性，将各类异构数据的存储和处理交给大量的分布式计算机（服务器），它们承担了庞杂的分析、计算工作，以服务的方式提供分享和交互，加速了从数据共享到信息共享再到服务共享的构想，提高了资源的利用效率和数据的安全性，降低了开发人员的工作量和网络负担，实现结构化数据和非结构化数据的全面整合，使各类数据有序联合起来，形成完整而统一的大数据信息资源。

五、大数据引起的个人隐私危机

大数据应用产生了很大的数据分析价值，这种价值会随着信息的公开和共享进一步放大，但享用信息公开便利的同时也带来了公民隐私保护的重大挑战。由于大数据技术确实存在记录人们生活信息的可能性，随着它的普及可能会侵犯到人们的隐私。例如，一些商业机构为了商业的目的而私下收集和应用个人数据，可能很大程度上侵犯了个人的隐私。其实，即使各类机构以公开的、个人允许的方式收集了个人数据，如果这些数据被用于其他场合的分析和应用，也可能侵犯个人隐私。就个人隐私而言，不同时期零散公开的信息和经过分析挖掘后一次性完整公开的信息，即使内容相同，也是有本质区别的。侵犯隐私的问题至关重要，如果解决不好，它很有可能使大数据的应用受到重大影响。

（一）大数据对个人隐私带来的挑战

当今，社会信息化和网络化的发展导致数据爆炸式增长。据统计，平均每秒有200万用户在使用谷歌进行搜索，Facebook用户每天共享的东西数量超过

40亿，Twitter每天处理的推特数量超过3.4亿。同时，科学计算、医疗卫生、金融、零售业等各行业也有大量数据在不断产生。

目前大数据的发展仍然面临着许多问题，安全与隐私问题是人们公认的关键问题之一。当前，人们在互联网上的一言一行都掌握在互联网商家手中，包括购物习惯、好友联络情况、阅读习惯、检索习惯等。多项实际案例说明，即使无害的数据被大量收集后，也会暴露个人隐私。事实上，大数据安全含义更为广泛，人们面临的威胁并不仅限于个人隐私泄漏。与其他信息一样，大数据在存储、处理、传输等过程中面临诸多安全风险，具有数据安全与隐私保护需求。而实现大数据安全与隐私保护，较以往其他安全问题（如云计算中的数据安全等）更为棘手。这是因为在云计算中，虽然服务提供商控制了数据的存储与运行环境，但是用户仍然有些办法保护自己的数据，如通过密码学的技术手段实现数据安全存储与安全计算，或者通过可信计算方式实现运行环境安全等。而在大数据的背景下，Facebook等商家既是数据的生产者，又是数据的存储、管理者和使用者，因此，单纯通过技术手段限制商家对用户信息的使用，实现用户隐私保护是极其困难的事。

由于大数据分析工具与平台的不断成熟，越来越多的企业能够收集、存储海量数据并通过分析这些数据来增大开辟新业务的可能性。与此同时，大量企业不需要的涉及用户隐私的个人数据也被收集并存储在企业的业务系统中，不仅增加了企业管理数据的难度，也导致了数据安全问题，造成了大数据挖掘与个人隐私保护之间的矛盾。

另外，在大数据时代，个人信息甚至是个人隐私如何保护也成为社会舆论的焦点。2014年初，两名涉嫌非法获取公民个人信息的男子被四川成都检察机关批准逮捕。令人惊异的是，公民的姓名、电话号码、住家地址、身份证号码等上百万条重要隐私信息被非法获取后，仅以每条不到1分钱的价格被转手倒卖。

大数据是指所涉及的数据量规模巨大到无法通过人工或传统的工具，在合理时间内达到截取、管理、处理并整理成为人类所能解读的信息。大数据时代，每个人都是数据的贡献者。预计到2020年，一个中国普通家庭一年产生的数据相当于半个国家图书馆的信息储量。

大数据目前已经应用于诸多领域，最典型的有互联网广告（根据用户偏好进行的定向投放）、电子商务（如淘宝）。此外，大数据在金融保险、医疗健康、电信、政府规划、教育、文化娱乐等领域也大有作为。相信今后大数据的应用会日益普遍。随着信息技术的发展，数据的采集和存储成本不断下降导致出现了数据爆炸。如何挖掘数据价值，对数据进行有效管理，成为当前的热点课题。有学者把大数据视为一种用之不竭的战略资产，并认为我们将进入数据世界，一切都可以计算、分析和预测。

（二）大数据时代个人隐私保护措施

1. 法律保护措施

大数据发展比较快的国家已制定关于大数据保护的法律。从国外的相关政策看，如果企业在使用大数据时让老百姓的隐私发生了泄漏，企业承担完全责任。

在个人隐私泄露这个问题上，相关法律将发挥至关重要的作用。一方面通过对大量用户数据的分析，公司、企业、政府可以更好地了解用户行为、消费习惯等，从而可以提供更好的服务，但是另外一方面，这又不可避免地对用户的隐私构成威胁、挑战。很多人已经意识到，在数据的应用方面，相关法律法规的制定变得越来越重要。作为用户，需要界定自己在数据使用方面具有什么权利和义务；作为企业和政府，需要逐渐定位清楚，在多大程度上可以并且用什么样的方式来使用用户的数据。

虽说针对大数据立法以保证个人信息安全是大势所趋，但不可急于求成。我国目前保护民众个人隐私有三个路径：①在法律方面分别为刑法保护、行政法保护以及民法保护；②为行业自律途径，如2017年，12家搜索引擎服务企业签署了《互联网搜索引擎服务自律公约》，2018年12月3日，中国互联网协会在北京发布《互联网终端安全服务自律公约》等；③是技术途径，即采取技术手段加以保护。

大数据的发展是一个全球趋势，也是一个长期过程。国际上对于大数据涉及的一些法律问题也还没有定论，仓促立法不可行。我国目前已经初步建立了有关个人信息和隐私权保护的法律体系，包括刑事、民事和行政法律体系，目前还缺乏全面系统的专门性立法，也就是个人信息保护法来平衡信息自由流动和个人信息保护。

针对个人信息保护法的制定，首先需要界定个人信息保护主体的义务，比如告知、公开、保存个人信息的义务等；其次需要确立诸如目的明确、利益平衡等个人信息保护的基本原则；还有就是规定信息主体的权利，比如决定权、知情权、信息获取权、更正权、封锁权、删除权以及获得救济权等。此外，该法还应当规定个人信息监管机构的组成、职责、救济途径以及法律责任。

国外企业在使用大数据时，往往不是基于一个人的信息作为分析的依据，而是将以千人、万人为基础的日志信息打包之后进行统计分析,这样就对个人隐私起到了一定的保护作用。因此要真正保护个人隐私,需要有健全的立法和严格的执法,加之企业的自律。大数据时代数据的边界更加模糊,存在的问题更加复杂,保护网络和信息安全的难度也更大。

2. 个人保护措施

在信息安全保护方面,很重要的一点是个人自身要加强保护意识。现在,不管是要求政府部门监管,还是要求司法机关动起来,一个重要前提是人人保护信息,这样才可能使信息保护问题得到根本解决,否则只靠公权力机关单方面去做是没有用的。

行政执法机关保护和司法保护,是保护信息安全的一个重要方面。近年来,行政执法机关和司法机关开始介入互联网领域,但是没有全部地介入。据不完全统计,2018年以来,我国判决的互联网案件不超过150件。也就是说,有关部门在不得不处理的情况下才会介入一些案件,其中存在一些问题。从进一步保护、促进产业发展的角度看,行政执法机关和司法机关还需要进一步努力。

自从信息安全被社会关注以来,加强立法被认为是解决信息安全问题的治本之策。对立法问题,以互联网竞争为例,我国的反不正当竞争法、反垄断法的制定已经有很长一段时间,这些法律在一定程度上对传统的竞争关系和垄断关系有规范作用,但是缺少针对互联网专门性的规制。对于互联网竞争秩序的规制,不只是要靠专门的互联网立法,更要靠一般性的传统立法。

如果没有传统的立法作为基础,仅靠互联网立法,难以规范一些危害互联网安全和秩序的行为。世界上没有哪一个国家是在传统法律以外,纯粹针对互联网再建立一套互联网法律秩序,这是不可想象的,也是做不到的。在互联网发展过程中,我们要针对互联网技术应用的特点制定一些专门性的规则,但更要考虑到一些传统法律关系的适用,只有将传统法律与互联网专门规则结合起来,才能真正提供一种秩序规范。同时,法律规范只是其中一部分标准,涉及互联网的一些指导性规范也是规制互联网的一类标准。比如在个人信息保护方面,可能有相关法律规定,同时国家也出台了一些标准,如2018年工信部出台了对个人信息搜集、使用、存储等的标准规范。这些规范也是调控竞争秩序的一个方面,无论司法机关还是行政执法机关,都可以参照或适用。

参考文献

[1] 李慧玲. 云计算技术应用研究 [M]. 成都：电子科技大学出版社，2017.

[2] 高奇琦，阙天舒，游腾飞. "互联网+"政治——大数据时代的国家治理 [M]. 上海：上海人民出版社，2017.

[3] 耿维明. 国家产业计量测试体系 [M]. 北京：中国质检出版社，2017.

[4] 李存斌，王建军，周景. 电网创新技术影响评估 [M]. 北京：中国电力出版社，2017.

[5] 戴伟. 云环境下大数据分析平台关键技术研究 [M]. 北京：中国水利水电出版社，2017.

[6] 钟晓春. 现代信息技术视角下的创新创业教育生态系统研究 [M]. 长春：东北师范大学出版社，2017.

[7] 张桂刚，李超，邢春晓. 大数据背后的核心技术 [M]. 北京：电子工业出版社，2017.

[8] 胡俊，沈昌祥，公备. 可信计算 3.0 工程初步 [M]. 北京：人民邮电出版社，2017.

[9] 宋蕊，殷立明，胡勇，等. 电子招标投标系统研究与实践 [M]. 北京：中国电力出版社，2017.

[10] 姚攀. 从 Lucene 到 Elasticsearc 全文检索实战 [M]. 北京：清华大学出版社，2017.

[11] 中国电子信息产业发展研究院. 数字丝绸之路："一带一路"数字经济的机遇与挑战 [M]. 北京：人民邮电出版社，2017.

[12] 赵光辉. 大数据交通应用与发展研究 [M]. 北京：中国社会科学出版社，2017.

[13] 陆平，李明栋，罗圣美，等．云计算中的大数据技术与应用［M］．北京：科学出版社，2017．

[14] 牛晓妍．云端时代的超级运用［M］．长春：吉林大学出版社，2017．

[15] 娜仁图雅，曹刚．内蒙古自治区物流业发展报告（2016）［M］．北京：经济管理出版社，2017．

[16] 零壹财经·零壹智库．金融基石：全球征信行业前沿［M］．北京：电子工业出版社，2018．

[17] 李福亮，唐晟炜．智慧城市实战攻略：移动互联与大数据时代的城市变革［M］．北京：电子工业出版社，2017．

[18] 刘辉．大数据时代的互联网架构设计［M］．杭州：浙江大学出版社，2018．

[19] 都伊林．智能安防新发展与应用［M］．武汉：华中科技大学出版社，2018．

[20] 鑫苑集团．技术信任创造价值：区块链技术的应用及监管［M］．北京：中国经济出版社，2018．

[21] 樊重俊．电子商务基础与应用［M］．上海：立信会计出版社，2018．

[22] 姬潮心，王媛．大数据时代下的企业财务管理研究［M］．北京：中国水利水电出版社，2018．

[23] 王永全，唐玲，刘三满．信息犯罪与计算机取证［M］．北京：人民邮电出版社，2018．

[24] 李伯虎．云计算导论［M］．北京：机械工业出版社，2018．

[25] 曲海平．云计算环境下能耗感知模型与方法进展研究［M］．北京：清华大学出版社，2018．